# 海洋立管涡致耦合振动 CFD 数值模拟研究

赵婧 著

中国海洋大学出版社

·青岛·

**图书在版编目(CIP)数据**

海洋立管涡致耦合振动 CFD 数值模拟研究 / 赵婧
著. — 青岛 : 中国海洋大学出版社，2021.9
ISBN 978-7-5670-2945-3

Ⅰ. ①海… Ⅱ. ①赵… Ⅲ. ①海上平台 – 高压
立管 – 振动控制 – 研究 Ⅳ. ①TE951

中国版本图书馆 CIP 数据核字(2021)第 201355 号

| | | | |
|---|---|---|---|
| 出版发行 | 中国海洋大学出版社 | | |
| 社　　址 | 青岛市香港东路 23 号 | 邮政编码 | 266071 |
| 出 版 人 | 杨立敏 | | |
| 网　　址 | http://pub.ouc.edu.cn | | |
| 电子信箱 | 2586345806@qq.com | | |
| 订购电话 | 0532 – 82032573(传真) | | |
| 责任编辑 | 矫恒鹏 | 电　话 | 0532 – 85902349 |
| 印　　制 | 日照报业印刷有限公司 | | |
| 版　　次 | 2021 年 10 月第 1 版 | | |
| 印　　次 | 2021 年 10 月第 1 次印刷 | | |
| 成品尺寸 | 170 mm×240 mm | | |
| 印　　张 | 9 | | |
| 字　　数 | 150 千 | | |
| 印　　数 | 1—1000 | | |
| 定　　价 | 29.00 元 | | |

发现印装质量问题，请致电 0633 – 8221365，由印刷厂负责调换。

# 前言 Foreword

　　在国民经济不断增长的今天,石油已占据人们生活的方方面面,已成为关系国家安全、经济发展的战略物资。由于长期大量的开采,目前陆地以及近海油气资源已经日益匮乏,必须多渠道开发石油资源。目前,我国在渤海、东海、南海、黄海等海域的海上油气钻探与开发工作已全面展开。

　　勘探结果表明:在我国南海北部大陆架以及南沙海域,油气资源十分丰富,其蕴藏量相当于我国沿海大陆架的约 1.5 倍。因此,积极开发深水油气是我国石油勘探开发的必然趋势。

　　世界各大石油公司在开发过程中,发现随着水深的不断加大,其相应的开采难度也逐渐增加。当水深超过 300 米后,传统的固定式平台已经不能满足恶劣的海洋环境和水深的条件。由此,新型顺应式海洋平台应运而生,主要包括张力腿平台(TLP)、Spar 平台以及以油轮为基础的 FPSO 等(图 0-1)。

图 0-1　FPSO 的海洋立管

不管采用何种平台形式，都需要使用立管，立管是海洋平台与海底井口间的一种必需的联系通道。海洋立管存在多种结构形式，使之可以服务于不同的海洋平台，如顶张力立管（Top Tension Riser，TTR）、柔性立管（Flexible Riser）以及混合立管（Hybrid Riser）等。

立管工作时，会同时承受管内流体流动作用和管外海洋环境荷载作用。外荷载主要包括有海流、波浪、上端浮体运动以及地震、冰凌等。由于立管结构为大长细比柱体，中间部分没有任何支撑，因此在内流与外荷载的共同作用下，立管会发生多阶高模态的涡激振动、浪致振动以及立管干涉振动等。在这些振动的影响下，立管会由于自身对荷载的敏感性而发生疲劳破坏或屈服破坏。立管结构一旦发生破坏，将会产生巨大的经济损失，所导致的石油泄漏也会引起严重的环境污染以及次生灾害。立管涡激振动是美国 API（American Petroleum Institute，美国石油学会）规范和挪威 DNV（Det Norske Veritas，挪威船级社）规范认定的引起疲劳破坏的主要因素，已引起国内外学者及海洋石油工程业界的广泛关注。因此对其进行深入的研究具有非常重要的理论和实际意义。

全书共六章。第一章对涡激振动的机理、国内外研究现状以及抑制涡激振动的国内外研究动态进行了综述；第二章阐述了现有计算流体力学数值模拟的多种方法；第三章系统介绍了流体-结构耦合振动数值模型的构建方法与流程；第四章对单柱体涡激耦合振动进行了数值计算，并对不同抑振装置的抑振效果进行数值评价；第五章对群柱体系的干涉效应模拟，综合分析串联与并列柱体干涉效应；第六章采用准三维数值计算的方法对立管进行受力分析，并与实验结果进行对照。

# 摘　要

本书基于计算流体力学(CFD)与计算结构动力学(CSD)方法,对圆柱体的涡激振动响应进行数值模拟,研究不同工况下柱体受力系数、振动幅值以及尾流漩涡脱落模式等变化规律,探索海洋立管的涡激振动机理;并进一步研究带抑振装置圆柱体的涡激振动及抑振效果;在此基础上,对多个圆柱体涡激振动的干涉问题进行了数值模拟研究;最后对深水立管结构进行准三维涡激振动数值模拟。具体内容如下:

**1. 流体-圆柱体结构耦合振动数值模拟方法研究**

在总结分析国内外对 CFD 流固耦合研究现状的基础上,本文考虑了涡激振动参数并结合 CFD 方法,建立流固耦合系统的涡激振动无量纲数值模型。选择 $SSTk\text{-}\omega$ 模型模拟流场变化,同时采用 Newmark-$\beta$ 法控制柱体边界的运动。最后给出流固耦合求解的具体实现方法,确定流固耦合数值模拟的求解流程,并编制相应的计算程序。

**2. 单圆柱体涡激耦合振动数值模拟实例**

首先,以单圆柱体为基础建立了单柱体涡激振动 CFD 数值模型,并编制 fsi-xy.c 结构运动程序。通过得到的受力系数与振幅变化规律,分析圆柱体在流体作用下的运动规律。给出尾流涡结构,揭示柱体振动与漩涡脱落模式间的关系。

**3. 带抑振装置柱体涡激耦合振动数值模拟实例**

应用流体-柱体结构耦合振动数值模拟方法研究带抑振装置单柱体的二维涡激振动响应。分别建立尾翼为 14 mm、10 mm 的带三角导流板柱体以及带板状导流板柱体的流固耦合数值模型,并根据流固耦合系统求解流程对其进行模拟。分别将模拟得到的带抑振柱体振动幅值与受力系数的变趋势、振动响应时程曲线、质心运动轨迹以及不同截面柱体尾流漩涡脱落模式等结果与单圆柱体模拟结果进行比较,分析不同抑振装置的工作原理。

**4. 群柱体系干扰效应数值模拟实例**

针对实际海洋工程中常见的串联与并列两种形式圆柱体进行涡激振动数值模拟。分别建立柱间距比 $L/D＝3\sim10$ 串联排列,以及柱间距比 $G/D＝5\sim10$

的并列排列两圆柱体流固耦合数值模型,编制 fsi-2c-xy.c 结构运动程序,并采用特殊宏同时控制同一时间步内的两柱体的运动。通过求解雷诺数范围为 6 300～18 000 时流体与柱体的耦合响应,分析不同排列形式下,柱间距比与流速对两柱体横向与顺流向振幅、受力系数以及质心运动轨迹的影响规律。结果表明:两种排列方式的干扰效应明显不同。

**5. 立管结构准三维涡激振动数值模拟实例**

为更准确地模拟立管在诸多因素(如雷诺数,结构性质,流体作用等)的影响下的复杂耦联振动,同时为避免三维流场模拟计算量大、结果不易收敛等不利因素,本书以静力等效为基础,将三维结构与二维流体相结合,建立准三维涡激振动流固耦合数值模型。将两端固定连接的立管简化为多质点模型,各质点在二维平面上均被视为弹簧-阻尼模型,弹簧刚度基于静力等效计算得到。分别对各质点进行二维流固耦合模拟,最终得到立管结构整体的涡激振动响应。

最后,进行立管涡激振动无比尺实验,以验证建立的准三维数值模型。通过对比立管涡激振动物理模型实验与数值分析结果发现,两者得到的结构振动响应的变化规律基本一致。

**关键词:**流固耦合;涡激振动;干涉效应;准三维数值模拟;抑振装置;计算流体力学

# 目 录 Contents

# 第一章
## 绪 论

## 第一节　涡激振动概念与机理

### 一、卡门涡街概念

当流体绕过非流线型物体时,在该物体尾部两侧会形成一对交替排列的,且旋转方向相反的对称涡旋。1911 年德国科学家卡门从空气动力学观点出发,找到了关于这种涡旋稳定性的理论根据。

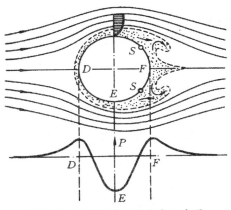

图 1-1　圆柱体附面层分离示意图

卡门涡街形成的基础为附面层的分离,图 1-1 为圆柱体附面层分离示意图。势流流动中从 $D$ 到 $E$ 流体质点是加速运动的,此时为顺压强梯度;而由 $E$ 到 $F$ 则是减速运动的,故此阶段为逆压强梯度。在流体质点从 $D$ 到 $E$ 过程中,由于流体的压能转变为动能,因此不发生边界层分离。而 $E$ 到 $F$ 段的动能存在损耗,速度迅速减小,并在 $S$ 点处出现黏滞状态。因此,在 $S$ 点处由于流体压力的升高而产生回流,最终导致边界层分离并形成漩涡。

　　附面层的分离点会随着雷诺数的增加不断地前移,而当雷诺数达到一定范围时,会在柱体两侧形成两列几乎稳定的、交替出现的、旋转方向相反的非对称漩涡,并随主流向下游运动。当流速很低时流体流过圆柱体会沿其两侧缓缓流动,此时柱体前沿处流速由零逐渐增大,同时压力下降。其后半部的压力会随之增加而速度逐渐降低直至为零。这种状态称为理想流体绕流圆柱形式,此时无漩涡产生[图 1-2(a)]。而随着来流流速的增加,圆柱后端的压力梯度不断增大,由此引起了流体附面层的分离。当来流流速继续增加,流体由于柱体存在流动受阻而产生的压力不断增大。当这一压力不足以使流体附面层扩展至柱体后端时,附面层发生分离。随后分离的附面层会在柱体两侧逐渐形成周期性、旋转方向相反、排列规则的双列漩涡。在经过非线性作用后,最终形成卡门涡街。

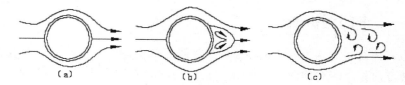

图 1-2　圆柱绕涡街产生示意图

　　研究发现,卡门涡街中的每个单涡的频率 $f$ 与绕流速度 $v$ 成正比,与圆柱体直径 $d$ 成反比。同时涡街的形成与雷诺数 $R_e$ 密不可分。雷诺数 $R_e$ 的表达式如式 1.1 所示

$$R_e = \frac{UD}{\nu} \tag{1.1}$$

式中,$U$ 为来流流速,$D$ 为圆柱直径,$\nu$ 为流体的动黏滞系数。

表 1-1　漩涡脱落与 $R_e$ 关系

| 漩涡脱落形式 | 雷诺数范围 | 备注 |
|---|---|---|
| | $R_e < 5$ | 无分离现象发生 |
| | $(5 \sim 15) \leqslant R_e < 40$ | 柱后出现一对固定的小漩涡 |

续表

| 漩涡脱落形式 | 雷诺数范围 | 备注 |
|---|---|---|
| | $40 \leqslant R_e < 150$ | 产生周期性交替的层流漩涡 |
| | $300 \leqslant R_e < 3 \times 10^5$ | 亚临界阶段,周期性交替泄放的紊流漩涡,完全紊流可延续至 $50 D$ 以外 |
| | $3 \times 10^5 \leqslant R_e < 3.5 \times 10^6$ | 过渡阶段,附面层分离点后移,漩涡泄放不具有周期性,曳力急剧降低 |
| | $R_e \geqslant 3.5 \times 10^6$ | 超临界阶段,尾流段重新恢复周期性的紊流漩涡泄放 |

在雷诺数的影响下,圆柱体绕流漩涡脱落形式会相应发生较大变化,其变化规律如表1-1所示。当 $R_e < 5$ 时,流体为理想绕流形式。当雷诺数增大至 $(5 \sim 15) \leqslant R_e < 40$,由于圆柱体后端的压力梯度不断增大,使得流体附面层发生分离,并在圆柱后端形成一对稳定的小涡。随着 $R_e$ 的进一步加大,漩涡逐渐拉长并交替脱离柱体表面,最终形成周期性的尾流形式。当 $R_e > 150$ 时,尾流逐渐由层流开始向湍流形式过渡,当 $R_e = 300$ 时,其尾流部分全部呈现出湍流特征。随着雷诺数的增加,柱体表面附面层也逐渐向湍流状态过渡,当雷诺数达到 $R_e = 3 \times 10^5$ 时,尾流完全变成湍流状态,由此将 $300 \leqslant R_e < 3 \times 10^5$ 称之为亚临界状态。在亚临界状态下,尾流漩涡会以一明确的频率进行泄放。随后当雷诺数继续增加,柱体尾流变化进入过渡状态,此时雷诺数范围为 $3 \times 10^5 \leqslant R_e < 3.5 \times 10^6$。过渡范围内漩涡的泄放无一明确频率,此时柱体曳力会急剧下降。当雷诺数达到超临界状态 $R_e \geqslant 3.5 \times 10^6$ 时,涡街再次建立起来。

## 二、弹性体与流体的耦合作用原理

卡门涡街的出现,会使流体在弹性体两侧产生周期性的可变力。在该脉动流体力的作用下,弹性体会在与流向垂直的方向以及顺流向上发生振动和变形。当该力的频率与弹性体固有频率接近时,耦合振动会迫使漩涡脱落频率固定在结构固有频率附近,从而发生频率锁定现象。锁振的发生会加剧柱体的振动,从而使漩涡增强,阻力增加,最终导致结构发生疲劳破坏。振动的弹性体同样会对周围流场产生影响。在两者的耦合作用下,柱体的振动呈现出独特的形态,而尾流漩涡的发放形式也相应发生改变。流体变化与弹性体的振动构成了复杂的耦合振动系统,而流体作用于结构的力便是连接这两个系统的桥梁(图 1-3)。

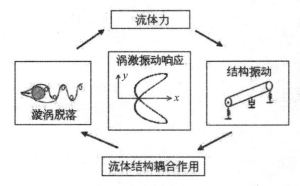

图 1-3　流体与弹性体结构相互作用示意图

## 第二节　涡激振动研究现状

目前已有很多国内外学者通过不同的研究方式对海洋立管涡激振动进行分析。关于涡激振动理论分析与实验研究的综述性文献资料主要有 Gabbai 和 Benaroya (2005)[1]、潘志远等(2005)[2]、Williamson 和 Govardhan (2008)[3] 等。对于涡激振动的研究方法主要可以分为数值模拟和实验研究两大类。利用数值模拟方法可以通过对不同边界条件、初始条件、结构参数等的设置,来研究不同工况下的流固耦合问题。但数值模拟同样离不开实验研究的支持,通过实验结果的分析可修正数值模型中的相关参数,使其结果能够更加符合实际情况。

### 一、涡激振动实验研究现状

Feng(1968)[4] 通过对于弹性支撑的刚性圆柱体单自由度的实验发现,柱体涡激振动发生于约化速度为 $4 < U_r < 10$。而当 $5 < U_r < 7$ 时,柱体振幅远大于其他流速,这一现象在随后的实验研究中同样被证实。Sarpkaya (1978)[5~6] 与 Moe (1990)[7],针对低质量比和低阻尼比的圆柱体进行实验,得到其涡激振动

特性。由于低质量比和低阻尼比为海洋立管结构的重要特性,因此该实验对于立管结构的研究有着重要意义。Blevins (1990)[8]在其著作中明确将雷诺数划分为三个阶段:亚临界阶段、过度临界阶段以及超临界阶段。同时指出涡激振动的"锁振"区间通常为 $6<U_r<7.5$,在该区间内柱体的振动频率锁定在结构固有频率附近,其振幅明显增大。Vikestad (1998)[9]通过实验研究了在横向周期性激励作用下,低质量比和低阻尼比弹性支承刚性圆柱体的动力响应,得到其在不同雷诺数下振幅与振动频率的变化规律。随后,Vikestad 和 Halse (2000)[10-11]利用拖曳的方法对外径为 75 mm、长度为 2 m 的立管模型进行涡激振动实验,得到其在不同流速下的振动响应。结果发现,当恒定流与波浪共同作用于立管结构时,其振动响应要小于仅有恒定流作用的结果。Blackburn (2000)[12]对低雷诺数下圆柱体的涡激振动进行了研究,同时将其结果与二维和三维 CFD 数值模拟结果进行了对比。结果发现,三维模拟结果更加贴近实际情况,在实验与数值模拟中均发现了漩涡脱落 2P 模式的存在。Downes (2003)[13]对弹性支承的竖直管道进行二维实验,通过粒子成像测速系统(PIV)得到瞬时的漩涡脱落形式,并验证多种漩涡脱落形式的存在。

上述研究大多限制了柱体在顺流向的振动,仅针对柱体横向振动进行研究。Jauvtis 和 Williamson(2003)[14]对具有低质量阻尼 $\delta_s$ 横向和顺流向自由振动的圆柱体进行了研究。结果发现,当 $\delta_s=5\sim25$ 时,柱体的顺流向振动对其横向振动响应与尾流特征均无显著影响。Morse 等(2006)[15]通过实验,针对边界条件对圆柱体涡激振动响应的影响进行了研究。

相对于国外大量的实验研究,目前国内针对海洋立管涡激振动的研究还相对较少。2005 年,郭海燕等[16,17,18]在中国海洋大学物理海洋实验室对立管进行了无比尺的涡激振动实验研究。实验中同时考虑了内流与外流对立管结构的共同作用,得到立管横向与顺流向的涡激振动响应。接着,郭海燕等(2008)[19~20]对尾流振子模型进行了改进,再次进行实验,并将其结果与数值分析进行对比,得到外流、顶张力与内流耦合作用下立管涡激振动的变化规律。张建侨[21]等人对柔性立管进行模型实验,发现较高质量比的立管涡激振动响应频率处于立管自振频率和涡脱落频率之间。

## 二、涡激振动数值研究方法

### (一)半经验法

半经验的数值模拟方法是建立在大量实验而得到的水动力系数数据库之

上,因此,其对于涡激振动的预报均依赖于实验研究。至今该方法已使用几十年,其在使用过程中面临很多质疑。尽管如此,半经验数值模拟仍广泛应用于工业界。但由于实验条件及实验目的所限,目前仅刚性圆柱截面立管涡激振动流体力数据库相对较为完整,而其他形式立管涡激振动所受到流体力的数据还不够充分。因此就目前研究而言,半经验方法仅可以针对圆形截面立管的涡激振动进行研究,而对于带抑振装置柱体以及柱群干涉的研究均无法利用该方法。

目前大多半经验结果都以计算软件的形式被广泛使用,其主要包括 VIVA、VIVANA、VICoMo、SHEAR7 和 ABAVIV,其中较为常用的软件为 SHEAR7。SHEAR7[22~23],是由美国麻省理工学院(Massachusetts Institute of Technology,MIT)的 Vandiver 教授领导的小组开发,是当前工业界在计算立管涡激振动中最常用的软件。SHEAR7 的基本原理是在频域内,采用模态叠加技术计算立管的涡激振动响应,可用于计算立管结构的振动幅值、振型、振动频率以及疲劳寿命。但该软件也存在一定的局限性,利用该软件仅可计算立管的横向振动,而对于立管顺流向振动响应的模拟则无法实现。

VIVA[24],是由 MIT 的 Triantafyllou 教授开发,基于大量圆柱体涡激振动实验所得到的流体力数据库,计算各剖面顶张力或钢悬链线立管的动力响应问题。其使用原理是由数据库中的升力系数确定振动幅值,在其指定的锁振区域内,计算得到最易被激发的模态。该软件同样仅用于立管横向振动的计算。

VIVANA[25],是基于结构的三维有限元法和响应,依赖于升力与附加质量系数的立管横向涡激振动预测软件。与前面软件不同,由于其在动力分析中没有采用模态叠加法,因此可以被用于计算驻波、行波以及两者混合下的立管响应。

ABAVIV,是基于 ABAQUSA 并采用 Finn 等(1999)[26]的涡激振动模型编制而成的计算机程序,可以在时域内进行求解,同时考虑结构非线性以及不同雷诺数下的水动力系数和 $S_t$ 值。该软件同样不能计算立管顺流向涡激振动,但可以利用 Morison 方程计算立管在顺流向海流、波浪作用的响应。

### (二)尾流振子模型

尾流振子模型是用以描述流体与结构耦合作用的一种常用的半经验方法,故模型中的系数主要来源于模型实验与经验。该模型使用原理是,用一个非线性振荡器来代替相应流体力,通过简单的数学方法模拟流体与结构之间复杂的相互关系。在这一过程中,不考虑流场的详细变化,只用于结构振动稳定后的计算。采用该方法可以成功解决工程中流固耦合的难题,该方法也被称为唯象模型(Phenomenological Model)。

　　Birkoff 和 Zarantanello(1957)[27]首次提出非线性振子模型的概念。随后 Bishop 和 Hassan(1964)[28]假定某一变量使其满足范德波尔(van der Pol)或 Rayleigh 方程,同时采用该变量来模拟圆柱体壁面附近尾流的流动特征。

　　Hartlen 等(1970)[29]第一次使用 van der Pol 振子方程模拟流体对结构的横向作用,并称之为尾流振子模型。而后 Skop 等(1973)[30]根据整个振动系统的变化规律引入一个参数,对尾流振子模型进行改进,使计算得到的结果与实验更加吻合。Mathelin(2005)[31]将尾流振子模型用于剪切流作用下索的涡激振动的预测,并得到较好结果。郭海燕和李效民[32~33]等基于尾流阵子方程的半经验法,编制了涡激振动预报程序 NSVIV。

### (三) 计算流体动力学方法

　　计算流体动力学(CFD)方法是利用数值方法通过计算机求解流体的运动方程,进而分析漩涡的脱落与圆柱体的振动。主要包含:前处理(包括几何描述、网格生成);CFD 流场计算(包括建立控制方程、使用差分方程、选择 CFD 软件);后处理(包括处理流动图像、流动数据)。用 CFD 的方法求解流固耦合问题,能够得到较半经验方法更为准确的流体参数。因此可以通过 CFD 对流固耦合问题的模拟,更新半经验方法所用到的相关流体参数,使得能够同时避免半经验方法不够准确以及 CFD 方法计算量过大等问题,从而解决海洋立管由涡激振动引起的疲劳破坏等损伤机理问题。同时,由于 CFD 方法对柱体边界形状的要求不大,因此可以用它来计算不同边界形式柱体,甚至多柱体干涉的涡激振动响应,从而为海洋立管涡激振动预报以及海洋立管系统的安全评估提供有效方法。

　　关于 CFD 流固耦合,目前国内外很多学者做了大量研究,并取得了很大成果。1998 年,万德成与 Turek[34,35,36]建立了基于有限元法多重网格虚拟边界方法(MFBM),并利用该方法对流固两相流进行模拟,得到了 2 000 个小粒子与流体间的耦合相互作用。随后,万德成[37]采用 MFBM 方法对一个大圆柱捆绑四个小圆柱在黏性流场中的受迫运动和自激运动问题进行数值模拟,并分析比较了多圆柱在受迫运动和自激运动的泻涡结构特征与多圆柱运动的关系。

# 第二章
# 计算流体力学数值模拟方法

## 第一节　计算流体力学概念

计算流体力学(CFD)是通过计算机数值计算和图像显示,对包含有流体流动和热传导等相关物理现象的系统所做的计算和分析。CFD 的基本思想可归结为,将原在时间域及空间域上连续的物理量的场,用一系列有限个离散点上的变量值的集合来代替,通过一定的原则和方式建立起关于这些离散点上场变量之间关系的代数方程组,然后求解代数方程组获得场变量的近似值[38]。

计算流体力学方法,与传统的理论分析方法、实验测量方法组成了研究流体流动问题的完整体系,图 2-1 给出了表征三者之间关系的"三维"流体力学示意图。

图 2-1 "三维"流体力学示意图

理论分析方法的优点在于所得结果具有普遍性,各种影响因素清晰可见,是指导实验研究和验证新的数值计算方法的理论基础。但是,它往往要求对计算对象进行抽象和简化,才有可能得出理论解。实验测量方法所得到的实验结果真实可信,它是理论分析和数值方法的基础,其重要性不容低估。然而实验往往受到模型尺寸、流场扰动、人身安全和测量精度的限制,有时可能很难通过实验方法得到结果。CFD 方法恰好克服了前面两种方法的弱点,每做一次计算,就好像在计算机上做一次物理实验。因此,CFD 方法具有适应性强、应用面广等特点。它不受物理模型和实验模型的限制,有较大的灵活性,能给出详细和完整的计算数据。

　　CFD方法主要包括:① 前处理,建立反映工程问题或物理问题本质的数学模型,包括几何描述、网格生成;② 建立针对控制方程的数值离散化方法,包括建立控制方程、使用差分方程、选择差分方法;③ CFD流场计算,包括选择计算方法编制程序计算,或选择CFD软件计算等;④ 后处理,显示计算结果,包括处理流动图像、流动数据。CFD求解流程如图2-2所示。

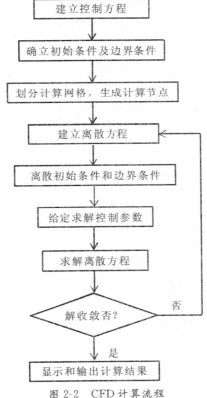

图 2-2　CFD 计算流程

　　CFD具有鲜明的系统性和规律性,因此许多通用软件应运而生。FLU-ENT软件,是一种用于模拟和分析在复杂几何区域内的流体流动与热交换问题的专用CFD软件。FLUENT软件由C语言写成,具有很大的灵活性和很强的处理能力。也可以根据需要,使用基于C语言的用户自定义函数(User-defined function)功能对其进行扩展。

　　本书中,流体动力模块部分,采用基于有限体积法的FLUENT软件完成。

而结构部分则通过编写 C 语言程序,将结构振动运动程序与主程序链接,完成柱体耦合振动响应分析。

# 第二节　湍流的数值模拟概念

## 一、湍流流体运动控制方程

湍流是一种高度复杂的三维非稳态、带旋转的不规则流动。在湍流中的流体的各种物理参数,如速度、压力、温度等都随时间与空间发生随机的变化[39],湍流运动属于宏观流体运动,因此无论其运动形式多么不规则,仍要服从流体的控制方程。宏观流体的运动遵守质量守恒、动量守恒和能量守恒的规律。在不可压缩牛顿流体范围内,这些规律可以用 Navier-Stokes 方程描述,在笛卡尔坐标下,可表示为

（1）连续方程

$$\frac{\partial u_i}{\partial x_i} = 0 \tag{2.1}$$

（2）动量方程

$$\frac{\partial u_i}{\partial t} + u_j \frac{\partial u_i}{\partial x_j} = -\frac{1}{\rho} \frac{\partial p}{\partial x_i} + v \frac{\partial^2 u_i}{\partial x_i \partial x_j} \tag{2.2}$$

式中,$\rho$ 是流体的密度;$v$ 是流体的运动黏滞系数。

图 2-3 给出了不同湍流模型种类。

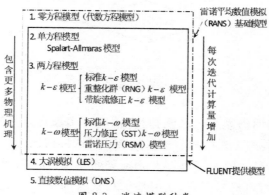

图 2-3　湍流模型种类

## 二、湍流求解模型分类

从图 2-3 中可以看出,对于湍流的模拟存在很多不同的求解模型。目前流固耦合模拟中多采用两方程模型以及大涡模拟,因此下面将对常用的几种湍流模型进行介绍。

### 1. 标准 $k$-$\varepsilon$ 模型(2equ)

标准 $k$-$\varepsilon$ 模型需要求解湍动能及其耗散率方程。该模型假设流动为完全湍流,分子黏性的影响可以忽略。因此,标准 $k$-$\varepsilon$ 模型只适合完全湍流的流动过程模拟。

标准 $k$-$\varepsilon$ 模型的湍动能 $k$ 和耗散率 $\varepsilon$ 方程为如下形式:

$$\rho \frac{Dk}{Dt} + \rho \frac{\partial}{\partial x_i}(ku_i) = \frac{\partial}{\partial x_i}\left[(\mu + \frac{\mu_t}{\sigma_k})\frac{\partial k}{\partial x_i}\right] + G_k + G_b - \rho\varepsilon - Y_M \tag{2.3}$$

$$\rho \frac{D\varepsilon}{Dt} + \rho \frac{\partial}{\partial x_i}(\varepsilon u_i) = \frac{\partial}{\partial x_i}\left[(\mu + \frac{\mu_t}{\sigma_\varepsilon})\frac{\partial \varepsilon}{\partial x_i}\right] + C_{1\varepsilon}\frac{\varepsilon}{k}(G_k + C_{3\varepsilon}G_b) - C_{2\varepsilon}\rho\frac{\varepsilon^2}{k} \tag{2.4}$$

式中,$G_k$ 表示由于平均速度梯度引起的湍动能,$G_b$ 是由于浮力影响引起的湍动能,$Y_M$ 表示可压缩湍流脉动膨胀对总的耗散率的影响;湍流黏性系数 $\mu_t = \rho C_\mu \frac{k^2}{\varepsilon}$;默认常数,$C_{1\varepsilon}=1.44$,$C_{2\varepsilon}=1.92$,$C_\mu=0.09$,湍动能 $k$ 和耗散率 $\varepsilon$ 的湍流普朗特数分别为 $\sigma_k=1.0$,$\sigma_\varepsilon=1.3$。

标准 $k$-$\varepsilon$ 模型自从被 Launder 和 Spalding 提出之后,就成为工程流场计算中主要的工具。其适用范围广,计算精度经济、合理,因此在工业流场和热交换模拟中标准 $k$-$\varepsilon$ 模型被广泛应用。

### 2. 标准 $k$-$\omega$ 模型(2equ)

标准 $k$-$\omega$ 模型是一种基于湍流能量方程和扩散速率方程的经验模型。标准 $k$-$\omega$ 模型的湍动能及其比耗散率输运方程为

$$\rho \frac{Dk}{Dt} + \rho \frac{\partial}{\partial x_i}(ku_i) = \frac{\partial}{\partial x_j}\left(\Gamma_k \frac{\partial k}{\partial x_j}\right) + G_k - Y_k \tag{2.5}$$

$$\rho \frac{D\omega}{Dt} + \rho \frac{\partial}{\partial x_i}(\omega u_i) = \frac{\partial}{\partial x_j}\left(\Gamma_\omega \frac{\partial \omega}{\partial x_j}\right) + G_\omega - Y_\omega \tag{2.6}$$

式中,$G_k$ 是由层流速度梯度而产生的湍流动能;$G_\omega$ 是由 $\omega$ 方程产生的湍流动能;$\Gamma_k$ 和 $\Gamma_\omega$ 表明了 $k$ 和 $\omega$ 的扩散率;$Y_k$ 和 $Y_\omega$ 为由于扩散而产生的湍流。

标准 $k$-$\omega$ 模型是基于 Wilcox $k$-$\omega$ 模型,且为考虑低雷诺数、可压缩性和剪切流传播修改而得。Wilcox $k$-$\omega$ 模型预测了自由剪切流传播速率,如尾流、混合流动、平板绕流、圆柱绕流和放射状喷射,因而,可应用于墙壁束缚流动和自

由剪切流动的模拟。

### 3. 剪切压力传输(SST)$k$-$\omega$ 模型(2equ)

SST $k$-$\omega$ 模型由 Menter 发展而来,在广泛的领域中可以独立于 $k$-$\omega$ 模型。该模型可使得模拟近壁自由流的 $k$-$\omega$ 模型有广泛的应用范围和精度。SST $k$-$\omega$ 模型的湍动能及其比耗散率输运方程为

$$\rho \frac{Dk}{Dt} + \rho \frac{\partial}{\partial x_i}(ku_i) = \frac{\partial}{\partial x_j}\left(\Gamma_k \frac{\partial k}{\partial x_j}\right) + G_k - Y_k \tag{2.7}$$

$$\rho \frac{D\omega}{Dt} + \rho \frac{\partial}{\partial x_i}(\omega u_i) = \frac{\partial}{\partial x_j}\left(\Gamma_\omega \frac{\partial \omega}{\partial x_j}\right) + G_\omega - Y_\omega + D_\omega \tag{2.8}$$

式中,$G_k$,$G_\omega$ 与标准 $k$-$\omega$ 模型中含义相同,$\Gamma_k$,$\Gamma_\omega$ 分别代表 $k$ 与 $\omega$ 的有效扩散项;$Y_k$ 和 $Y_\omega$ 分别代表 $k$ 与 $\omega$ 的发散项,$D_\omega$ 代表正交发散项。

与标准 $k$-$\omega$ 模型的区别在于,标准 $k$-$\omega$ 模型中 $\alpha_\infty$ 为一常数,而 SST $k$-$\omega$ 模型中 $\alpha_\infty$ 方程如下:

$$\alpha_\infty = F_1 \alpha_{\infty,1} + (1 - F_1)\alpha_{\infty,2} \tag{2.9}$$

其中,

$$\alpha_{\infty,1} = \frac{\beta_{i,1}}{\beta_\infty^*} - \frac{k^2}{\sigma_{\omega,1}\sqrt{\beta_\infty^*}}, \alpha_{\infty,2} = \frac{\beta_{i,2}}{\beta_\infty^*} - \frac{k^2}{\sigma_{\omega,2}\sqrt{\beta_\infty^*}} \tag{2.10}$$

SST $k$-$\omega$ 模型和标准 $k$-$\omega$ 模型相似,但有以下改进:SST $k$-$\omega$ 模型综合了 $k$-$\omega$ 模型在近壁区计算的优点和 $k$-$\varepsilon$ 模型在远场计算的优点,同时增加了横向耗散导数项,在湍流黏度定义中考虑了湍流剪切应力的运输过程,即:

(1)SST $k$-$\omega$ 模型合并了来源于 $\omega$ 方程中的交叉扩散。

(2)湍流黏度考虑到了湍流剪应力的传波。这些改进使得 SST $k$-$\omega$ 模型比标准 $k$-$\omega$ 模型在广泛的流动领域中有更高的精度和可信度。

### 4. 大涡模拟(LES)

传统的流场计算方法是用 N−S 方程,即 RANS 法,在此方法基础上,所有的湍流流场都可以模拟。理论上,LES 法介于 DNS 与 RANS 之间,一般来说,大尺寸漩涡用 LES 法,而小尺度涡旋用 RANS 方程求解。使用 LES 法的原则如下:

(1)动量、能量、质量及其他标量主要由大涡输运;

(2)流动的几何和边界条件决定了大涡的特性,而流动特性主要在大涡中体现;

(3)小尺度涡旋受几何和边界条件影响较小,并且各向同性;

(4)大涡模拟过程中,直接求解大涡,从而使得网格要求比 DNS 低。

因此,当解决仅有大涡或仅有小涡的问题时,大涡模拟所受的限制要比 DNS

法少得多。然而在实际工程中,需要很好的网格划分,这需要很大的计算代价,只有计算机硬件性能大幅提高,或者采用并行运算,LES 才可能用于实际工程。

## 三、湍流流场边界计算参数确定

边界条件是指在求解域的边界上所求解的变量或其一阶导数随地点及时间变化的规律。在 CFD 模拟过程中,边界条件包括:流动进口边界;流动出口边界;给定压力边界;壁面边界;对称边界;周期性(循环)边界。在进行流动计算时,多数情况下流动处于湍流状态。因此,在计算区域的进口、出口及远场边界上,需给定输运的湍流参数。

在大多数情况下,湍流是在入口后面一段距离,经过转捩形成的。因此,在边界上设置均匀湍流条件是一种可以接受的选择。设置边界条件时,应定性地对流动进行分析以便边界条件的设置符合物理规律,否则会导致错误的计算结果,甚至使计算发散无法进行。流场边界均匀湍流的设置,可以通过定义流场边界上的湍流强度 $I$、湍流黏度比 $\mu_t/\mu$、水力直径 $D_H$ 或湍流特征长度 $l$ 在边界上的值来实现。表 2-1 给出了 FLUENT 设置边界湍流特性时,各种湍流模型所使用的湍流参数组合。

表 2-1  设置边界湍流特性时所经常使用的湍流参数组合

| 湍流模型 | 使用的湍流参数组合 |
|---|---|
| Spalart-Allmaras 模型 | 修正的湍流黏性 $\tilde{v}$<br>湍流强度 $I$ 和湍流长度尺度 $l$<br>湍流强度 $I$ 和湍动黏性比 $\mu_t/\mu$<br>湍流强度 $I$ 和水力直径 $D_H$<br>湍动黏性比 $\mu_t/\mu$ |
| 标准 $k$-$\varepsilon$ 模型 | 湍动能 $k$ 和湍动耗散率 $\varepsilon$ |
| $k$-$\omega$ 模型 | 湍动能 $k$ 和比耗散率 $\omega$ |
| RSM 模型 | 湍动能 $k$ 和湍动耗散率 $\varepsilon$,或湍流强度 $I$<br>Reynolds 应力分量 $\overline{u'_i u'_j}$ |
| LES 模型 | 湍流强度 $I$ |

各湍流参数计算方法如下:

**1. 湍流强度(Turbulence Intensity)**

湍流强度 $I$ 的定义为

$$I = \frac{\sqrt{u'^2 + v'^2 + w'^2}}{u_{\text{avg}}} \tag{2.11}$$

式中，$u'$，$v'$和$w'$是速度脉动量，$u_{avg}$是平均速度。

**2. 湍流的长度尺度与水力直径**

湍流能量主要集中在大涡结构中，而湍流长度尺度 $l$ 则是与大涡结构相关的物理量。湍流长度尺度 $l$ 与管道物理尺寸 $L$ 的关系可以表示为

$$l = 0.07 L \tag{2.12}$$

湍流的特征长度取决于对湍流发展具有决定性影响的几何尺度。在一般管道流中，管道直径是决定湍流发展过程的唯一长度量。若在流场中存在障碍物，而该障碍物对湍流的发生和发展过程起着严重的干扰作用，此时障碍物的特征长度即为湍流特征长度。

**3. 湍流黏度比**

湍流黏度比 $\mu_t/\mu$ 与湍流雷诺数 $Re_t$ 成正比。湍流雷诺数的定义为

$$Re_t = \frac{k^2}{\varepsilon v} \tag{2.13}$$

**4. 其他湍流变量推导**

为了由湍流强度 $I$、湍流长度尺度 $l$ 和湍流黏度比 $\mu_t/\mu$ 求出其他湍流变量，须采用以下经验公式。各公式推导如表 2-2 所示。

表 2-2　其他湍流变量推导公式

| 湍流变量推导 | 公式 | 备注 |
|---|---|---|
| 由湍流强度 $I$ 和长度尺度 $l$ 求得修正的湍流黏度 $\tilde{v}$ | $\tilde{v} = \sqrt{\dfrac{2}{3}} u_{avg} I l$ | 在使用 Spalart-Allmaras 模型时，可以用湍流强度 $I$ 和长度尺度 $l$ 求出修正的湍流黏度 $\tilde{v}$ |
| 由湍流强度 $I$ 求得湍流动能 $k$ | $k = \dfrac{3}{2}(u_{avg} I)^2$ | |
| 由长度尺度 $l$ 求出湍流耗散率 $\varepsilon$ | $\varepsilon = C_\mu^{3/4} \dfrac{k^{3/2}}{l}$ | $C_\mu$ 为湍流模型经验常数，其值约等于 0.09 |
| 由湍流黏度比 $\mu_t/\mu$ 求得湍流耗散率 $\varepsilon$ | $\varepsilon = \rho C_\mu \dfrac{k^2}{\mu} \left(\dfrac{\mu_t}{\mu}\right)^{-1}$ | 不是最简公式 |
| 由长度尺度 $l$ 计算比耗散率 $\omega$ | $\omega = \dfrac{k^{0.5}}{C_\mu^{0.25} l}$ | 式中，$C_\mu$ 与长度尺度 $l$ 的取法与前面所述相同 |
| 由湍流黏度比 $\mu_t/\mu$ 计算比耗散率 $\omega$ | $\omega = \rho \dfrac{k}{\mu} \left(\dfrac{\mu_t}{\mu}\right)^{-1}$ | 不是最简公式 |

**5. 大涡模拟(LES)方法中湍流入口的定义**

在定义速度进口条件时,可以将湍流强度作为对 LES 进口速度场的扰动定义。在实际计算中,根据湍流强度求出的随机扰动速度分量与速度场迭加后形成 LES 算法边界上的随机变化的速度场。

# 第三节　基于有限体积法的控制方程离散方法

## 一、流体数值网格概念

网格是离散的基础,数值网格的生成是对空间上连续的计算域进行离散,将其分成若干个单元或控制体,并确定它们之间的关联。对于二维问题,可以使用四边形网格和三角形网格;对于三维问题,可以使用六面体、四面体、金字塔形以及楔形单元,具体网格形状如图 2-4 所示。一般情况下,根据网格生成的几何拓扑性,数值网格大致可以分为两类:结构化网格和非结构化网格。

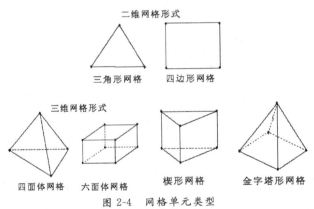

图 2-4　网格单元类型

从严格意义上讲,结构化网格是指网格区域内所有的内部点都具有相同的毗邻单元。它可以很容易地实现区域的边界拟合,适于流体和表面应力集中等方面的计算。它的主要优点:① 网格生成的速度快;② 网格生成的质量好;③ 数据结构简单;④ 对曲面或空间的拟合大多数采用参数化或样条插值的方法得到;⑤ 区域光滑,与实际的模型更容易接近。但结构化网格的适用范围比较窄,只适用于形状规则的图形。非结构化网格是指网格区域内的内部点不具有相同的毗邻单元,即与网格剖分区域内的不同内点相连的网格数目不同。

在解决实际问题时,常将结构化网格与非结构化网格联合使用。充分发挥两者优点,以便能够提高计算精度,使得数值模拟结果更加准确,更能够贴近实际情况。

网格节点是离散化的物理量的储存位置,规定了物理域和计算域之间的转换关系。因此,网格数量及质量等对数值计算的精度和计算效率有着重要影响。网格质量包括节点分布、光滑性以及歪斜的角度(skewness)。不合理的网格划分可能导致数值计算的误差增大、计算稳定性差,甚至无法使得计算收敛[40-41]。对网格质量判别的主要条件如下。

**1. 节点密度和分辨率**

连续性区域被离散化,使得流动的特征解与网格上节点的密度和分布直接相关。边界层解(即网格近壁面间距)在计算壁面剪切应力和热传导系数的精度时有重要意义。这一结论主要适用于层流流动,网格接近壁面需要满足:

$$y_p\sqrt{\frac{u_\infty}{v_x}}\leqslant 1 \tag{2.14}$$

式中,$y_p$ 为从邻近单元中心到壁面的距离;$u_\infty$ 为自由流速度;$v$ 为流体的动力学黏性系数;下标 $x$ 为从边界层起始点开始沿壁面的距离[32]。

网格的分辨率对于湍流也十分重要。由于平均流动和湍流的强烈作用,湍流的数值计算结果往往比层流更容易受到网格的影响。在近壁面区域,不同的近壁面模型需要不同的网格分辨率。

**2. 光滑性**

邻近单元体积的快速变化会导致大的截断误差。截断误差是指控制方程偏导数和离散估计之间的差值。在 FLUENT 中,可以通过改变单元体积或者网格体积梯度来精化网格,从而提高网格的光滑性。

**3. 单元的形状**

单元的形状包括单元的歪斜和比率,它会明显影响数值解的精度。单元的歪斜是指该单元和具有同等体积的等边单元外形之间的差别。单元的歪斜太大会降低解的精度和稳定性。比率是表征单元拉伸的度量。对于各向异性流动,过渡的比率可以用较少的单元产生较为精确的结果。

表 2-3 列出了各个判断网格质量的参数值。

## 二、有限体积法概述

有限体积法又称为控制体积法(CVM)。其基本思路是,将计算区域划分为网格,并使每个网格点周围有一个互不重复的控制体积,将待解微分方程(控制方程)对每一个控制体积积分,从而得出一组离散方程。其中的未知数是网格点上的因变量 $\phi$。与其他离散方法一样,有限体积法的核心体现在区域离散方式上。区域离散化的实质就是用有限个离散点来代替原来连续空间。有限体积法的区域离散实施过程是,把所计算的区域划分成多个互不重叠的子区域,即计算网格(grid),然后确定每个子区域中的节点位置及该节点所代表的控制体积。在离散过程中,每一个控制体积上的物理量定义都存储在各个节点处。

表 2-3 网格质量判断参数

| 参数 | 参数说明 |
| --- | --- |
| 长宽比 | 不同的网格单元有不同的计算方法,等于 1 是最好的单元,如正三角形,正四边形,正四面体,正六面体等;一般情况下不要超过 5∶1 |
| 长边与最短边长度之比 | 大于或等于 1,最好等于 1,该值越高,说明单元越不规则 |
| 通过单元大小计算的歪斜度 | 在 0 到 1 之间,0 为质量最好,1 为质量最差。2D 质量好的单元该值最好在 0.1 以内,3D 单元在 0.4 以内 |
| 相邻单元大小之比 | 仅适用于 3D 单元,最好控制在 2 以内 |
| 伸展度 | 通过单元的对角线长度与边长计算出来的,仅适用于四边形和六面体单元,在 0 到 1 之间,0 为质量最好,1 为质量最差 |
| FLUENT 中网格验证参数 | |
| Maxium cell squish | 如果该值等于 1,表示得到了很坏的单元网格 |
| Maxium cell skewness | 该值在 0 到 1 之间,0 表示网格最好,1 表示最坏 |
| Maxium'aspect-ratio' | 该值为 1 时,表示网格最好 |

## 三、常用离散格式概念

在使用有限体积法建立离散方程时,很重要的一步是将控制体积界面上的物理量及其导数通过节点物理量差值求出,不同的差值方式对应于不同的离散结果。表 2-4 给出几种常见离散格式的性能对比。表中,$P_e$ 为 Peclet 数,表示对流体扩散的强度之比。

$$P_e = \frac{F}{D} \qquad\qquad 2.15$$

从表 2-4 中归纳可得:① 在满足稳定性条件的范围内,一般来说,在截差较高的格式下解的准确度要高一些;② 稳定性与准确性常常是互相矛盾的。

表 2-4　常见离散格式的性能对比

| 离散格式 | 稳定性及稳定条件 | 精度与经济性 |
|---|---|---|
| 中心差分 | 条件稳定，$P_e \leqslant 2$ | 在不发生振荡的参数范围内，可以获得较准确的结果 |
| 一阶迎风 | 绝对稳定 | 虽然可以获得物理上可接受的解，但当 $P_e$ 较大时，假扩散较严重。为避免此问题，常需要加密计算网格 |
| 二阶迎风 | 绝对稳定 | 精度较一阶迎风高，但仍有假扩散问题 |
| QUICK 格式 | 条件稳定，$P_e \leqslant 2$ | 可以减少假扩散误差，精度较高，应用较广泛。但主要用于六面体或四边形网格 |
| 改进的 QUICK 格式 | 绝对稳定 | 性能同标准 QUICK 格式，只是不存在稳定性问题 |

## 四、二维问题有限体积法离散方法

以二维问题为例，以 P 来标识一个广义的节点，其东、西两侧的相邻节点分别用 E 和 W 标识，南、北两侧的相邻节点分别用 S 和 N 标识，与各节点对应的控制体积也用相应字符标识。

二维离散方程，全隐式时间积分方案下的离散方程的通用形式如下：

$$a_p \phi_p = \sum a_{nb} \phi_{nb} + b \tag{2.16}$$

式中，下标 $nb$ 表示相邻节点，对于二维问题，相邻节点包括 W、E、S 和 N。

在式（2.16）中，有：

$$\left.\begin{array}{l} b = a_p^0 \phi_p^0 + S_C \Delta V \\[2mm] a_p = \sum a_{nb} + \Delta F + a_p^0 - S_p \Delta V \\[2mm] a_p^0 = \dfrac{\varrho_p^0 \Delta V}{\Delta t} \end{array}\right\} \tag{2.17}$$

系数 $a_p$、$\Delta F$ 表达式分别为

$$a_p = (a_W + a_E + a_S + a_N) + \Delta F + a_p^0 - S_p \Delta V \tag{2.18}$$

$$\Delta F = F_E - F_W + F_N - F_S \tag{2.19}$$

# 第四节　流场模型的数值求解方法

除简单的问题外，生成的离散方程不能用来直接求解，须对多个未知量的求解顺序和求解方法进行特殊处理。直接求解流体连续方程和动量方程，会出现以下两个问题：① 动量方程中的对流项包含非线性量；② 由于每个速度分量同时出现在两组方程中，导致各方程错综复杂的耦合在一起。除此之外，压力项的处理更为复杂，它同时出现在两个动量方程中，但却不存在可用以直接求解压力的方程。

对于第一个问题可以通过迭代的办法加以求解。而为解决压力所带来的难题（第二个问题），人们提出了若干从控制方程中消去压力的方法，这类方法称为非原始变量法。分离式解法的主要思路是，顺序地、逐个地求解各变量代数方程组，这是相对于联立求解方程组的耦合式解法而言。

## 一、流场数值计算主要方法分类

流场数值计算的基本过程是在空间上用有限体积法或其他离散方法，将计算域离散成许多小的体积单元，并在每个单元上，对离散后的控制方程组进行求解。根据分析，其求解方法主要可分为耦合式解法和分离式解法，分类图如图 2-5 所示。

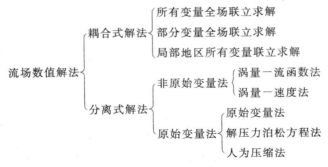

图 2-5　不可压缩流场数值计算方法分类

耦合式解法，同时求解离散化的控制方程组，联立求解出各变量。分离式解法，不直接解联立方程，而是顺序地逐个地求解各变量代数方程组。两种解法的基本思路如图 2-6 和 2-7 所示。

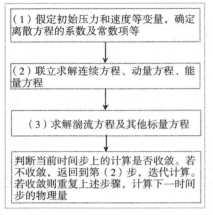

图 2-6　耦合式解法求解过程

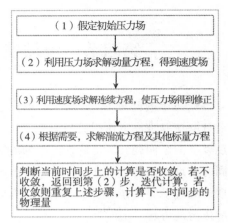

图 2-7　分离式解法求解过程

## 二、交错网格方法及其应用

交错网格,是指将速度分量与压力在不同的网格系统上离散。使用交错网格的目的,是为了解决在普通网格上离散控制方程时给计算带来的严重问题。同时,交错网格也是 SIMPLE 算法实现的基础。

所谓交错网格(Staggered Grid),就是将标量(如压力 $p$、温度 $T$ 和密度 $\rho$ 等)在正常的网格节点上存储和计算,而将速度和各分量分别在错位后的网格上存储和计算,错位后网格的中心位于原控制体积的界面上。对于二维问题,有三套不同的网格系统,分别用于存储 $p, u, v$。需要注意的是,为了描述不同的变量在空间分布,不必对不同的变量采取同样的网格系统,可以为每一个变量建立一个不同的计算网格。这一点是交错网格建立的基础。

在交错网格系统中,关于 $u$ 和 $v$ 的离散方程可通过对 $u$ 和 $v$ 各自的控制体积做积分而得出。此时,由于有交错网格的安排,压力节点与 $u$ 控制体积的界面相一致,$x$ 方向动量方程中的压力梯度为

$$\frac{\partial p}{\partial x} = \frac{p_E - p_P}{(\delta x)_e} \tag{2.20}$$

式中,$(\delta x)_e$ 是 $u$ 控制体积的宽度。同样,$y$ 方向动量方程中的压力梯度为

$$\frac{\partial p}{\partial y} = \frac{p_N - p_P}{(\delta y)_n} \tag{2.21}$$

从以上两式看出,此时的压力梯度 $\frac{\partial p}{\partial x}$ 和 $\frac{\partial p}{\partial y}$ 是通过相邻两个节点间的压力

差，而不是相间两个节点间的压力差来描述。由于交错网格能够成功地解决压力梯度离散时所遇到的问题，因此该方法得到了广泛应用。

# 三、SIMPLE 算法介绍

## （一）SIMPLE 算法基本思想

SIMPLE 算法意为"求解压力耦合方程组的半隐式方法"。该方法于 1972 年由 Patankar 与 Spalding 提出[42]，是一种主要用于求解流场的数值方法。其核心是采用"猜测-修正"的过程，在交错网格的基础上来计算压力场，从而达到求解目的。

SIMPLE 算法的基本思想为，对于给定的压力场，求解离散形式的动量方程，得出速度场。其中给定的压力场可以是假定的值，也可以是上一次迭代计算所得到的结果。由于该压力场是假定的或是不精确的，因而，得到的速度场一般不满足连续方程，故须对给定的压力场加以修正。其修正的原则是，与修正后的压力场相对应的速度场能满足这一迭代层次上的连续方程。

SIMPLE 算法的两个关键问题分别如下：

（1）如何获得压力修正值，即如何构造压力修正方程。

（2）如何根据压力修正值，确定"正确"的速度，即如何构造速度修正方程。

为解决 SIMPLE 算法的这两大关键问题，图 2-8 给出其具体求解步骤。

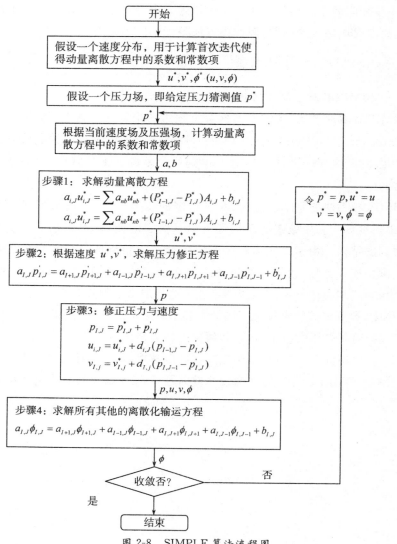

图 2-8 SIMPLE 算法流程图

## （二）速度与压力修正方程

对稳态问题的动量方程基于交错网格进行进一步离散。根据公式（2.16）考虑在 $u$ 方向的动量方程中使用 $u$ 控制体积，则速度 $u_{i,J}$ 在位置 $(i,J)$ 的动量方程的离散形式为

$$a_{i,J}u_{i,J} = \sum a_{nb}u_{nb} + (p_{I-1,J} - p_{I,J})A_{i,J} + b_{i,J} \qquad (2.22)$$

同理,可得到速度 $v_{I,j}$ 对于位置 $(I,j)$ 的离散动量方程:

$$a_{I,j}v_{I,j} = \sum a_{nb}v_{nb} + (p_{I,J-1} - p_{I,J})A_{I,j} + b_{I,j} \qquad (2.23)$$

设初始的猜测压力场 $p^*$,由离散的动量方程可以求出相应的速度分量 $u^*$,$v^*$。

$$a_{i,J}u_{i,J}^* = \sum a_{nb}u_{nb}^* + (p_{I-1,J}^* - p_{I,J}^*)A_{i,J} + b_{i,J} \qquad (2.24)$$

$$a_{I,j}v_{I,j}^* = \sum a_{nb}v_{nb}^* + (p_{I,J-1}^* - p_{I,J}^*)A_{I,j} + b_{I,j} \qquad (2.25)$$

定义压力修正值 $p'$ 为正确压力场 $p$ 与猜测的压力场 $p^*$ 之差,有:

$$p = p^* + p' \qquad (2.26)$$

同样地,定义速度修正值 $u'$,$v'$,将其带入式(2.20)与式(2.21)整理可得:

$$u_{i,J} = u_{i,J}^* + d_{i,J}(p'_{I-1,J} - p'_{I,J}), v_{I,j} = v_{I,j}^* + d_{I,j}(p'_{I,J-1} - p'_{I,J}) \qquad (2.27)$$

类似的,有:

$$u_{i+1,J} = u_{i+1,J}^* + d_{i+1,J}(p'_{I,J} - p'_{I+1,J}), v_{I,j+1} = v_{I,j+1}^* + d_{I,j+1}(p'_{I,J} - p'_{I,J+1})$$
$$(2.28)$$

式中,$d_{i+1,J} = \dfrac{A_{i+1,J}}{a_{i+1,J}}$,$d_{I,j+1} = \dfrac{A_{I,j+1}}{a_{I,j+1}}$。式(2.26)与(2.27)表明,如果已知压力修正值 $p'$,便可对猜测的速度场 $(u^*,v^*)$ 做出相应的速度修正,从而得到正确的速度场 $(u,v)$。

将正确的速度值代入连续方程的离散方程,整理后简记为

$$a_{I,J}p'_{I,J} = a_{I+1,J}p'_{I+1,J} + a_{I-1,J}p'_{I-1,J} + a_{I,J+1}p'_{I,J+1} + a_{I,J-1}p'_{I,J-1} + b'_{I,J}$$
$$(2.29)$$

式(2.29)表示连续方程的离散方程。通过求解该方程,可以得到空间所有位置的压力修正值 $p'$。

### (三) SIMPLE 算法的发展

SIMPLE 算法自 1972 年问世以来,在计算流体力学及计算传热学中得到广泛的应用,同时也得到不断的改进与发展[43]。SIMPLE 算法是 SIMPLE 系列算法的基础,在该算法中,压力修正值 $p'$ 能够很好地满足速度修正的要求,但对压力修正不是十分理想。SIMPLE 算法的各种改进算法,不仅解决这一问题,同时提高了计算的收敛性从而缩短计算时间。表 2-5 中归纳了 SIMPLE 等 5 种算法的特点。

表 2-5　SIMPLE 等 5 种算法的特点

| 算法名称 | 主要特点 |
|---|---|
| SIMPLE | 用速度的改进值写出的运动方程,减去用速度的现时值写出的动量方程,略去源项及对流-扩散项得:$u_e = d_e(p'_p - p'_E)$,$v_n = d_n(p'_p - p'_N)$,代入质量守恒方程的离散形式,获得 $p'$ 的方程。解出 $p'$ 后用于改进压力及速度。对 $p'$ 采用亚松弛,不对离散格式及代数方程求解方法做出决定 |
| SIMPLER 算法[44] | 压力的初值及更新采用单独求解压力 Poisson 方程的方法来完成,压力不作亚松弛。由压力修正方程求出的修正值仅用于改进速度,其余同 SIMPLE |
| SIMPLEC[45] | 与 SIMPLE 基本相同,但:<br>(1) $u_e = \dfrac{A_e}{a_e - \sum a_{nb}}(p'_p - p'_E)$,$v_n = \dfrac{A_n}{a_n - \sum a_{nb}}(p'_p - p'_N)$,<br>(2) 压力修正值不作亚松弛 |
| SIMPLEX[46] | 与 SIMPLE 相同,但计算速度修正值公式的 $d_e$,$d_n$ 是通过求解代数方程得出来的:<br>$a_e d_e = \sum a_{nb} d_{nb} + A_e$,$a_n d_n = \sum a_{nb} d_{nb} + A_n$<br>其中,系数 $a_e$,$a_n$,$a_{nb}$ 取自相应的动量离散方程 |
| SIMPLE Data 的改进方案 Ⅱ[47] | 每一层次的计算分预测-校正两部分,在预测阶段采用 SIMPLE 算法,获得速度、压力改进值的预测值;在校正阶段,再对预测值校正,此时利用速度修正值的预测值考虑了源项及对流-扩散项的影响 |
| SIMPLEST 算法(1981)[48,49] | 由于在压力与速度耦合关系的处理方式上,SIMPLEST 算法没有特别之处,因此一般不将它作为一种独立的算法 |

# 第三章
## 流体-结构耦合振动数值模拟

## 第一节　流固耦合数值模拟概述

　　流固耦合问题可简单分为两种，即单向耦合以及双向耦合，其中双向耦合的常见问题即流体-结构耦合振动分析。流固耦合力学是固体力学与流体力学交叉形成的一门力学分支。它主要研究的是变形固体在流场作用下各种力学响应行为，以及固体位移、形态的改变对流场的影响。流固耦合问题的实质，就是场间（流场与固体变形场）的相互作用。当两种场间相互不重叠、渗透时，两者的耦合作用是通过界面力来起作用。当两种场间相互重叠或渗透时，它们的耦合作用则通过联合建立两介质的本构方程以及求解耦合方程来实现。

　　建立流固耦合数值模型的关键是建立流体-固体相互作用的耦合方程。方程组中的定义域，同时包含有流体域与固体域。而未知变量既含有描述流体现象的变量，同时还包括描述结构动力响应的变量。描述流固耦合问题的微分方程的数值求解主要有两种形式：① 两介质场交叉迭代；② 同时直接求解两介质全部微分方程。用数值方法模拟流固耦合问题通常采用迭代形式，即分别求解流场与结构控制方程，各自的计算结果在某一时间步内进行相互耦合迭代，当结果收敛后再进行下一步计算。由于流场网格根据固体的变形运动而发生变化，因此流固耦合问题的解决还涉及动网格的问题。当结构边界发生变形或运动时，流场的计算域发生相应变化，此时须同时考虑流场网格随时间的变形使之适应耦合界面的变形或运动。

　　图 3-1 给出了数值求解流固耦合问题的流程图。

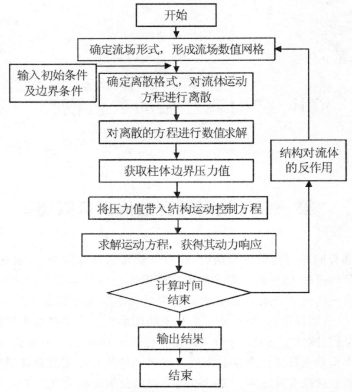

图 3-1  数值求解流固耦合问题的流程图

# 第二节  结构动力模块数值模型
## ——结构运动控制方程

确定性动力分析的首要任务是,计算在给定随时间变化荷载作用下已知结构的位移-时间历程。描述动力位移的数学表达式称为结构的运动方程,而这些运动方程的解答就提供了所需的位移历程[50]。

根据牛顿第二定律,可得到单自由度体系运动方程:

$$m\ddot{x}(t) + c\dot{x}(t) + kx(t) = p(t) \tag{3.1}$$

式中,$\ddot{x}(t)$,$\dot{x}(t)$,$x(t)$ 分别为结构的运动加速度、速度与位移。$m,c,k$ 则分别为结构的质量、阻尼以及刚度。

**（一）直接积分法**

求解结构动力学方程的一种方法是直接积分法，它是根据已知的位移、速度、加速度和荷载条件，计算下一时刻振动响应的方法。其基本思路是指在相隔 $\Delta t$ 的一些离散点上而不是在任何时刻 $t$ 上满足运动方程，并且在每一个时间区域内假定位移、速度和加速度的变化规律来得到运动方程的解。

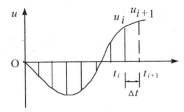

图 3-2 直接积分法求解示意图

直接积分法，主要有两种积分形式：显式积分与隐式积分。显式积分是在第 $i$ 步计算中，状态 $t_i$ 满足运动方程式（3.1）的计算方法。

$$\dot{u}(t) = f(t, u)$$
$$u_{i+i} = u_i + \Delta t \cdot f(t_i, u_i)$$

$$(3.2)$$

常用的直接积分方法有中心差分法、Houbolt 法、wilson-$\theta$ 法和 Newmark-$\beta$ 法。从计算效率考虑，在结构动力响应分析中一般对它的计算过程加以修正，以提高计算效率和收敛性。各种改进算法中，Newmark-$\beta$ 法和 wilson-$\theta$ 法是结构振动响应分析中最常用的两种方法。

**（二）Newmark-$\beta$ 法**

Newmark-$\beta$ 法是一种加速度法，它是根据时间增量内假定的加速度变化规律计算结构动力响应的方法。根据加速度算法，可分为线性加速度法和平均加速度法。线性加速度法，$\Delta t$ 时间间隔内加速度线性变化假定；平均加速度法，$\Delta t$ 时间间隔内加速度为常数假定。

Newmark-$\beta$ 法的统一表达式为

$$\dot{x}_{t+\Delta t} = \dot{x}_t + [(1-\gamma)\ddot{x}_t + \gamma \ddot{x}_{t+\Delta t}]\Delta t \tag{3.3}$$

$$x_{t+\Delta t} = x_t + \dot{x}_t \Delta t + \left[\left(\frac{1}{2} - \beta\right)\ddot{x}_t + \beta \ddot{x}_{t+\Delta t}\right]\Delta t^2 \tag{3.4}$$

式中，参数 $\beta$ 和 $\gamma$ 根据积分的精度和稳定性要求来确定，当 $\beta = 1/6，\gamma = 1/2$ 时，即为线性加速度法；而当 $\beta = 1/4，\gamma = 1/2$ 时，即为平均加速度法。

Newmark-$\beta$ 法是一种隐式积分方法，当 $\gamma \geqslant 0.5$，且 $\beta \geqslant 0.25(0.5 + \gamma)^2$ 时，该算法无条件收敛。其计算过程可归纳如下：

## 1．初始计算

（1）形成刚度矩阵 $K$、质量矩阵 $M$ 和阻尼矩阵 $C$。

（2）形成初始条件 $x_0$ 和 $\dot{x}_0$，计算 $\ddot{x}_0$。

$$\ddot{x}_0 = M^{-1}(F_0 - C\dot{x}_0 - Kx_0)$$

（3）选取时间步长 $\Delta t$ 和参数 $\beta$、$\gamma$，计算积分常数。

$$\beta \geqslant 0.5, \alpha \geqslant 0.25(0.5 + \beta)^2$$

$$\alpha_0 = \frac{1}{\beta\Delta t^2}, \alpha_1 = \frac{\gamma}{\beta\Delta t}, \alpha_2 = \frac{1}{\beta\Delta t}, \alpha_3 = \left(\frac{1}{2\beta} - 1\right), \alpha_4 = \frac{\Delta t}{2}\left(\frac{\gamma}{\beta} - 2\right), \alpha_5 = \left(\frac{\gamma}{\beta} - 1\right),$$

$$\alpha_6 = (1 - \gamma)\Delta t, \alpha_7 = \gamma\Delta t$$

（4）计算有效刚度矩阵 $\overline{K}$。

$$\overline{K} = K + \alpha_0 M + \alpha_1 C$$

## 2．对于每一时间步长

（1）计算 $t_i + \Delta t$ 时刻的有效载荷向量 $\overline{F}$。

$$\overline{F}_{t+\Delta t} = F_{t+\Delta t} + [\alpha_0 x_t + \alpha_2 x_t + \alpha_3 x_t]M + [\alpha_1 x_t + \alpha_5 x_t + \alpha_4 x_t]C$$

（2）求解 $t_i + \Delta t$ 时刻的位移。

$$x_{t+\Delta t} = \overline{K}^{-1}\overline{F}_{t+\Delta t}$$

（3）计算 $t_i + \Delta t$ 时刻的加速度、速度。

$$\ddot{x}_{t+\Delta t} = \alpha_0(x_{t+\Delta t} - x_t) - \alpha_2\dot{x}_t - \alpha_3\ddot{x}_t$$

$$\dot{x}_{t+\Delta t} = \dot{x}_t + \alpha_6\ddot{x}_t + \alpha_7\ddot{x}_{t+\Delta t}$$

一种算法很难同时兼顾稳定性和精度，稳定性与精度往往具有相反的倾向，稳定性好的计算方法精度相对比较差一些。因此使用 Newmark-$\beta$ 法的过程中，需注意以下两点：

① 积分步长 $\Delta t$ 的确定。

逐步积分法的精度依赖于积分步长 $\Delta t$。外荷载的变化速率和结构的振动周期等都不同程度地影响着积分步长 $\Delta t$ 的确定。当外荷载比较简单时，积分步长的选取主要依赖于结构的振动周期。而积分步长必须小于振动周期的一半时，才能保证线性加速度法的稳定性。通常为保证计算精度一般取 $\Delta t/T \leqslant 0.1$。

② 当前积分步长内结构的质量，刚度和阻尼矩阵的确定。

通常情况下，结构的质量往往不随时间的变化而变化。当刚度矩阵 $K$ 和阻尼矩阵 $C$ 为常数矩阵时，其值可表示为

$$f_D/\dot{x} = c = tg\beta, f_s/x = k = tg\alpha$$

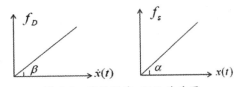

图 3-3　线性刚度、阻尼关系图

当刚度矩阵 $K$ 和阻尼矩阵 $C$ 为非常数矩阵时，其表示达式为

$$k(t)=\left(\frac{\mathrm{d}f_s}{\mathrm{d}x}\right)_t,c(t)=\left(\frac{\mathrm{d}f_D}{\mathrm{d}\dot{x}}\right)$$

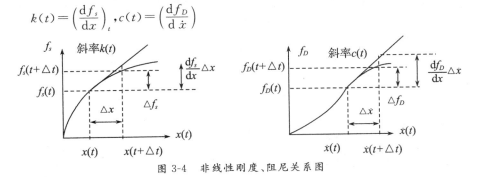

图 3-4　非线性刚度、阻尼关系图

# 第三节　涡致耦合振动数值模型

## 一、涡激振动响应参数选取

### （一）Strouhal 数和漩涡脱落频率

漩涡脱落频率是指单位时间内漩涡发放的数量。对于圆柱绕流，漩涡脱落频率以 $f_s$ 表示：

$$f_s=\frac{S_t U}{D} \tag{3.5}$$

式中，$S_t$ 称为 Strouhal 数，它是由雷诺数 $Re$ 和结构截面形状等物理量得到的无量纲相似准数，其值通常由实验获得。$U$ 为来流流速，$D$ 为圆柱直径。图 3-5 给出了圆柱体绕流的 $S_t$ 数和 $Re$ 之间的关系曲线。在亚临界阶段，即 $300 \leqslant R_e < 3 \times 10^5$ 时，$S_t$ 值基本上保持恒定；在超临界阶段，$3.5 \times 10^6 \leqslant R_e$ 时，$S_t$ 也有确定的数值。而在过渡阶段，由于出现随机性的漩涡泄放而不能明确定义 $S_t$ 值，这时，常定义带宽频率的主频率为这一阶段的漩涡泄放频率。

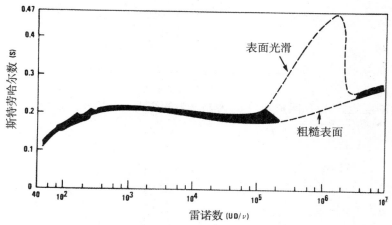

图 3-5　雷诺数 $R_e$ 与 $S_t$ 关系曲线

## （二）升力与曳力系数

当流体流经弹性圆柱体时，在一定流速下，由于圆柱体的存在都会产生漩涡脱落。当漩涡从结构两侧交替的发放时，会对结构产生周期性的可变力 $F_L$ 与 $F_D$，从而使得柱体在与流向垂直的横向和顺流向上均产生振动和变形。

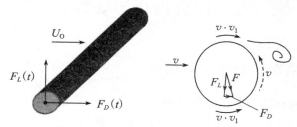

图 3-6　流体对圆柱体的作用示意图

$F_y$ 和 $C_L$ 都以漩涡脱落频率 $f_s$ 周期性地改变大小和方向。曳力 $F_x$ 可分为两部分：一为不随时间而变的平均曳力 Mean $F_x$ 及相应的曳力系数 Mean $C_D$，另一部分则是以 $2f_s$ 频率变化的涡激曳力 $\Delta F_x$ 及其相应的曳力系数 $\Delta C_D$。升力 $F_y$ 与曳力 $F_x$ 具体表达式为

$$F_y = C_L \cdot \frac{1}{2}\rho_e U^2 D \tag{3.6}$$

$$F_x = C_D \cdot \frac{1}{2}\rho_e U^2 D \tag{3.7}$$

式中，$\rho_e$ 为液体密度，系数 $C_L$，Mean $C_D$ 和 $\Delta C_D$ 都与雷诺数 $Re$ 及物体表面糙度有关。

### （三）其他参数系数

控制涡激振动的主要参数是约化速度 $U_r$：

$$U_r = \frac{U}{f_n D} \tag{3.8}$$

式中，$f_n$ 为柱体的固有频率，$f_n = \frac{\omega}{2\pi}$。当柱体的固有频率 $f_n$ 与漩涡脱落频率 $f$ 接近时，耦合振动会迫使漩涡脱落频率固定在结构固有频率附近，发生频率锁定现象，引起柱体的强烈振动。同时锁振的发生也可以引起显著的流体动力效应，使得漩涡增强，阻力增加。

当 $c < 2m\omega$ 时，振动体系可定义为小阻尼振动体系。为方便计算小阻尼情况下的自由振动反应，则引入一个新的参数——阻尼比。阻尼比 $\xi$ 是阻尼与临界阻尼的比值，其表达式为

$$\xi = \frac{c}{c_{cr}} = \frac{c}{2m\omega} \tag{3.9}$$

式中，$\omega$ 为结构自振圆频率，$\omega = \sqrt{k/m}$。

质量比是影响立管涡激振动的另一个重要参数，其对于立管的振动响应有着很大的影响[21,51]。Khalak 和 Williamson[52]指出：在高质量比情况下，锁振通常发生在 $f_s/f_e = 1$ 附近，即振动频率接近于自振频率；而在低质量比情况下，锁振一般不发生在 $f_s/f_n = 1$ 附近，而是在 $f_s > f_e$ 的某个范围内，即柱体振动频率处于柱体静水中的自振频率和漩涡脱落频率之间。质量比的表达式为

$$m^* = 4m/\rho\pi D^2 \tag{3.10}$$

## 二、涡激耦合振动数值模型

在当前时间步长内，由计算流体力学方法，通过流体模块的求解，得到单位长度柱体边界上的顺流向和横向流体力 $F_x(t)$、$F_y(t)$。

$$F_x = \int_{\Gamma_{wall}} \sigma n_x \mathrm{d}\Gamma \tag{3.11}$$

$$F_y = \int_{\Gamma_{wall}} \sigma n_y \mathrm{d}\Gamma \tag{3.12}$$

式中，$\sigma$ 为流体应力张量。将其带入公式(3.1)可得：

$$m \frac{\mathrm{d}^2 x}{\mathrm{d}t^2} + c \frac{\mathrm{d}x}{\mathrm{d}t} + kx = F_x(t) \tag{3.13}$$

$$m \frac{\mathrm{d}^2 y}{\mathrm{d}t^2} + c \frac{\mathrm{d}y}{\mathrm{d}t} + ky = F_y(t) \tag{3.14}$$

式中，$m$ 为圆柱体的质量，$c$ 为结构阻尼系数，$k$ 为结构刚度系数。

## 三、数值模型无量纲化

根据柱体涡激振动参数,将结构位移、速度及加速度均无量纲化,式(3.13)与式(3.14)可变为

$$\ddot{x} + \frac{4\pi\zeta}{U_r}\dot{x} + \left(\frac{2\pi}{U_r}\right)^2 x = \frac{2}{\pi m^*} C_D \tag{3.15}$$

$$\ddot{y} + \frac{4\pi\zeta}{U_r}\dot{y} + \left(\frac{2\pi}{U_r}\right)^2 y = \frac{2}{\pi m^*} C_L \tag{3.16}$$

式中,

$$U_r = \frac{U}{f_n D} ; m^* = \frac{m}{m_d} ; \zeta = \frac{c}{c_{cr}}$$

$U$ 为来流流速,$U_r$ 为约化速度,$f_n$ 为结构在流体中的自振频率,$c_{cr} = 2\sqrt{km}$ 为临界阻尼,$C_D$、$C_L$ 分别为结构阻力系数和升力系数。此时,式中未知量均为无量纲量。

# 第四节　流体-结构耦合振动数值求解过程与编程

## 一、流固耦合的实现原理

本书中流体部分利用 FLUENT 进行分离求解。根据已知的初始条件,通过流场计算获取柱体表面的流体力。将提取的力带入结构运动部分,通过求解柱体运动方程,得到当前时间步长内所对应的圆柱运动速度和位移。同时,利用得到的结构瞬时速度和位移,控制柱体的运动及网格的变形。而流体和结构之间的耦合运动,是通过嵌入式程序接口用户自定义函数(User-Defined Function,简称 UDF)来实现的。

流固耦合计算流程为,初始时刻柱体固定,利用 FLUENT 进行流场计算,得到 $t_n$ 时刻的速度场、压力场。通过 UDF 提取该时刻流体作用在柱体上的曳力和升力 $F_x(t_n)$、$F_y(t_n)$。作为流固耦合系统之间联系的纽带,流体作用在结构上的力使结构发生运动,而结构的运动又随时间变化,改变它与运动流体之间的相对位置和速度,进而使得流体力发生改变。将流体力 $F_x(t_n)$、$F_y(t_n)$ 无量纲化,得到升力与曳力系数 $C_L(t_n)$、$C_D(t_n)$,并将其带入结构运动方程(3.15)与(3.16)的右端项。通过 Newmark-$\beta$ 方法求得柱体振动响应,利用 FLUENT

刚体运动宏,将柱体的运动传递给网格,使得网格迭代获得位置的更新。网格迭代收敛后,即整个流场更新完毕,则开始下一时间步的计算,如此循环直至获得时域内的稳定解。

## 二、用户自定义函数概念与选取

　　用户自定义函数(UDF),是用户自编的程序[53]。UDFs 中可以使用标准 C 语言的库函数,也可使用预定义的宏。通过预定义宏可以获得 FLUENT 计算过程中得到的数据。UDFs 的使用可以通过编写 FLUENT 代码,来满足用户的特殊需要。UDFs 的具体功能包括:① 向 FLUENT 输入用户规定的值;② 修改FLUENT 中的参数;③ 修改 FLUENT 中的变量;④ 求解用户自定义的标量方程;⑤ 输入或输出用户所需数据。

　　宏是 FLUENT 定义的函数,用户自定义函数是通过 DEFINE 宏来实现的。DEFINE 宏通常分为通用解算器宏、模型指定宏、多相宏、离散相模型(DPM) 宏。

　　通用解算器 DEFINE 宏执行了 FLUENT 中模型相关的通用解算器函数如表 3-1 所示。除用到通用解算器函数外,另一重要的宏为动态网格的 DE-FINE 宏,如表 3-2 所示。需要注意的是,在使用这些宏定义的 UDFs 时,仅可以作为编译性的 UDFs 被执行。每一个宏都包含的相应参数,参数的类型和返回值如表 3-3 所示。

表 3-1　FLUENT 中模型相关的通用解算器函数

| 宏命令 | 自变量类型 | 返回功能 | 宏功能 | 注意事项 |
|---|---|---|---|---|
| DEFINE_ADJUST (name,d) | Domain* d | void | 1. 通用目标函数,每个计算步都被调用。2. 调节和修改 FLUENT变量 | |
| DEFINE_INIT (name,d) | Domain* d | void | 定义计算域中一组解的初始值 | 每一次初始化时,该宏被执行一次,并在解算器完成初始化后立即被调用 |
| DEFINE_ON_DEMAND (name) | none | void | 根据需要在 FLUENT 内执行自定义的 UDF,不能自动运行 FLUENT 指令 | 该宏中无明确传递自变量 d。使用时,需在 Get_domain 中找回 |

续表

| 宏命令 | 自变量类型 | 返回功能 | 宏功能 | 注意事项 |
|---|---|---|---|---|
| DEFINE_RW_FILE（name，fp） | FILE* fp | void | 常用于动态信息的读取与保存。 | 该宏下用 fprintf 代替了 Windows 平台下适用的 fwrite 宏 |

表 3-2　动态网格的 DEFINE 宏

| 宏命令 | 自变量类型 | 宏功能 |
|---|---|---|
| FKDEFINE_CG_MOTION（name，dt，vel，omega，time，dtime） | Dynamic_Thread* dt<br>real vel[]<br>real omega[]<br>real time<br>real dtime | 通过由 FLUENT 提供的在每一时间步的线性和角速度，对一个特殊动态域的移动加以定义 |
| DEFINE_GEOM（name，d，dt，position） | char name<br>Domain* d<br>Dynamic_Thread* dt<br>real* position | 定义一个变形域的几何。FLUENT 默认给出了，关于定义节点沿一个平面和圆柱面移动的一个机制 |
| DEFINE_GRID_MOTION（name，d，dt，time，dtime） | char name<br>Domain * d<br>Dynamic_Thread * dt<br>real time<br>real dtime | 缺省时，FLUENT 通过应用固体移动方程更新一个动态域上的节点位置。这意味着在动态域上的节点之间没有相对移动 |

表 3-3　参数的数据类型

| 数据类型 | 解释 |
|---|---|
| cell_t c | 单元格标识符 |
| face_t | 面积标识符 |
| Domain* d | 定义区域结构 |
| Thread* t | 线指示器 |
| Thread* * pt | 象限矩阵指示器 |
| Int I | 整数 |
| Node* node | 节点指示器 |

## 三、流场动网格模型实现方法

流场状态会由于边界变化而随时间发生改变,这一问题的解决可以通过动网格模型来实现。动网格模型主要适用于刚性边界运动以及边界变形问题。边界变化可分为两种形式。

(1)预先定义的变化,即在计算前,指定其运动速度或角速度;

(2)预先未做定义的变化,即边界的变化形式,由前一步计算结果决定。

在使用动网格模型时,必须首先确定初始网格、边界的变形或运动形式,同时明确并指定参与运动的计算区域。对于流固耦合问题来说,模拟的流场往往是运动和不运动两种形式区域同时存在。因此在建立初始网格时,需要对模拟的流体区域加以识别并根据需要将其进行组合。由于周围边界环境变化而发生变形的区域,应按其变化规律划分至不同的初始网格区域。通过不同性质的内部边界条件将不同区域连接起来。在这一过程中,须重点考虑连接部的连续性以满足计算精度的要求。

**(一)动边界控制模型**

流体与柱体耦合振动的 CFD 模拟中,动边界的控制是通过动态网格的 DEFINE 宏来实现的。这三种宏的实现方式分别为:

(1)DEFINE_CG_MOTION　该函数宏主要用于刚体边界的运动,动边界的运动的控制是通过已知速度与角速度来实现的。预先给定或计算得到的刚体质心运动速度或角速度根据需要,分别赋值给变量 vel 和 omega,并由该宏返回至求解器。求解器经过分析,确定边界的下一时间步的位置,从而实现了对动边界的控制。

(2)DEFINE_GEOM　该宏主要用于变形体的边界运动控制,动态边界的运动控制是通过已知网格节点位置来实现的。

(3)DEFINE_GRID_MOTION　该宏也用于变形体的边界运动控制,与前者不同,其主要用于更加复杂的运动控制。求解器不再默认自动遍历所有运动边界上的节点,而是通过其他函数来实现对节点位置的控制。该宏的使用较前两个宏复杂许多,因此,对编程的要求很高。除单纯控制边界运动轨迹外,还可以利用事先生成的边界数据,在计算中对其读取,从而完成复杂形体的运动控制。

**(二)动网格控制方法**

由于边界运动,会导致其相邻网格发生变形。网格的变形既要符合边界运动规律,更重要的是满足精度的要求,这就需要对动态网格进行控制。

FLUENT 求解器针对动网格计算中的网格动态变化过程，提供了三种模型进行计算。三种模型分别为动态分层模型、弹簧近似光滑模型和局部重划模型。下面将分别进行介绍。

### 1. 动态层模型

动态层模型又称层铺法模型，其对网格的更新的控制是通过创建、破坏网格单元来完成的。层铺法的中心思想是，根据与运动边界紧邻的网格层高度的变化，增加或减少动态层。即当边界发生运动时，若紧邻运动边界的网格层高度增长到一定程度，其就将被划分为两个网格层。如果网格层高度收缩到一定程度，紧邻边界的两个网格层就将被合并为一个层。动态层模型使用时，须通过设定常值高度与常值比例，确定网格分解的两种方法。网格重建与破坏的界点，则通过分割因子 $\alpha_s$ 与合并因子 $\alpha_c$ 来设定。

（1）若实际网格层 $j$ 扩大，单元高度增长的临界值为

$$h_{min} > (1 + \alpha_s) \times h_0 \tag{3.17}$$

式中，$h_{min}$ 为实际单元的最小高度，$h_0$ 为单元的理想高度，$\alpha_s$ 为动态网格层的分割因子。当满足上述方程时，即对网格单元进行分割。

（2）若第 $j$ 层网格处于压缩过程，则单元高度压缩的极限为

$$h_{min} < \alpha_c \times h_0 \tag{3.18}$$

式中，$\alpha_c$ 为合并因子。当紧邻运动边界的网格高度满足该方程时，则将该层网格与其外面一层网格进行合并。

### 2. 弹簧近似光滑模型

当边界运动变化很小时，可将相连网格的变化看作是简单的压缩和拉伸的过程。即动网格的任意两个节点间被理想化为弹簧连接，由此产生了弹簧近似光滑模型。弹簧近似光滑的核心思想就是，基于网格划分的角度由边界节点位移出发利用虎克定律通过迭代计算，最终得到使各网格节点上合力为零的新的网格节点位置。弹簧近似光滑模型的相关参数包括弹簧弹性系数、边界点松弛因子、收敛判据和迭代次数。

### 3. 局部重划模型

局部重划模型主要针对边界运动位移很大，以及其运动规律普遍的情况。网格是否合乎要求的标准判据主要有网格畸变率与网格尺寸。其中网格尺寸又包括最大尺寸和最小尺寸。当网格变化超过最大畸变率，或超出了定义的单元体积范围时，该网格就被标志为需要重新划分的网格。重新划分后，若新网格可以同时满足畸变率和尺寸要求则求解器自动用新的网格代替原来的网格，否则将保持原网格划分不变。局部重划模型不仅可以用于调整整体网格，也可

以调整局部动态区域网格。局部重划模型参数主要包括最大畸变率、最大网格体积和最小网格体积,其含义均如前所述。此外还可以利用网格尺寸分布函数,同时标识需要重新划分的网格。

综合三种控制方法发现:当使用弹簧近似光滑法时,由于网格拓扑始终不变,无须插值,从而保证了计算精度。但当计算区域变形较大时动态网格会产生较大的倾斜变形导致网格质量大幅下降,从而严重影响计算精度。因此,该方法不适用于大变形情况。动态分层法具有快速生成网格的优势,该方法要求紧邻运动边界的网格为结构网格,因此其不适用于复杂外形的流场区域。局部网格重划法则可以用于三角形网格或四面体网格,这很好地适应了复杂外形的情况。但局部网格重划法只对紧邻运动边界的网格起作用,从某种程度上也限制了使用的范围。

这三种动网格更新模型不一定单独存在,对于复杂的问题,可以将不同模型用于不同区域,或针对某一区域同时使用两种模型。因此,网格更新方法的使用,往往根据网格的类型以及要实现的运动进行选择。网格运动控制方法选择的基础是保证边界运动规律完整实现的同时,也保证计算精度满足要求。

## 四、流固耦合的数值求解过程分析

柱体在流场的作用下发生的涡致耦合振动问题的 CFD 数值模拟求解流程如下。

(1)明确柱体所处平面流场性质,确定相应流场计算域。根据需要绘制流场数值网格。网格形式与数量,需根据模拟结果与模拟精度的要求来确定。

(2)根据模拟需要,设定流场初始参数与初始边界条件。在流体与柱体耦合振动问题中,需设定来流速度 $U$、流体材料属性等。当认为流体为湍流时,还需计算得到相应湍流参数,并作为初始条件输入求解器。

(3)选择求解方法,并根据设定的流场条件及绘制的流场网格,对流场部分进行模拟求解。

(4)通过用户自定义函数,提取 $\Delta t$ 时刻柱体边界所受到的流体力。需要注意的是,UDF 中的相应宏,只可提取到某边界处的压强值。因此力的获取,还需根据需要提取相应的边界面积。

(5)将提取的流体力无量纲化后,带入结构无量纲运动方程(3.15)与(3.16),求解得到柱体重心位置的位移、速度与加速度。

(6)将柱体边界重心处速度,由动网格宏传递回求解器,同时更新流场网格。当网格质量能够满足计算精度要求时,更新后的网格则作为流场下一时间步计算的初始状态。

（7）重复计算步骤（3）～（6），直至达到预定的计算时间。

图 3-7 给出了数值求解流体与柱体耦合作用问题 CFD 数值模拟的计算流程图。

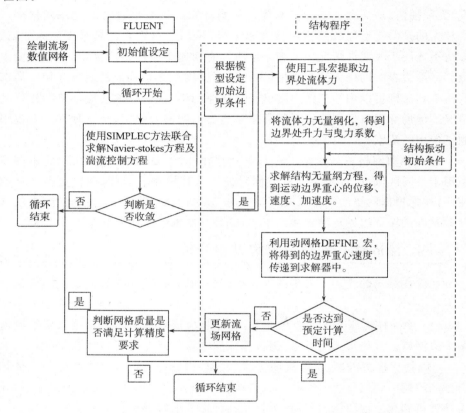

图 3-7　二维流固耦合振动 CFD 数值模拟计算流程图

# 第四章
# 单柱体涡激耦合振动的数值计算

## 第一节　单柱体涡激振动特性

对于圆柱体涡激振动的 CFD 方法模拟，国内外的学者均进行了大量研究。国内万德成、梁亮文[54]等人采用 FLUENT 软件和动网格技术对均匀流中雷诺数为 200 的圆柱横向受迫振荡绕流场问题进行了数值模拟分析。通过改变圆柱振荡运动的频率和振幅大小，分析圆柱的升阻力曲线和圆柱尾流泻涡结构模式变化的特性。同时万德成[55]还利用水深平均雷诺方程和水深平均 $k$-$\varepsilon$ 方程，模拟在浅水宽阔水域中有限长直立式圆柱的绕流。陈文曲[56]采用任意拉格朗日—欧拉（ALE）方法数值模拟圆柱在尾流中的流体诱发振动特性。重点分析了圆柱的动力学响应特性，包括升阻力、位移振幅、拍和锁定等现象；另外也详细分析了圆柱的尾涡结构。陈文礼[57]等利用 CFX 求解器，采用剪切应力湍流模型（SST）模拟得到圆柱体风致耦合振动横向振荡动力响应。周国成[58]基于 SST $k$-$\omega$ 模型，利用 CFX 求解器，研究了亚临界状态下（$Re=3\,900$）二维圆柱体的涡激振动响应。赵刘群[59]等采用有限元法求解流体控制方程，计算了 $Re=90\sim150$ 范围内圆柱体横向涡激振动响应。何长江[60]使用 FLUENT 软件，模拟了雷诺数为 $6\times10^{3}\sim2\times10^{4}$ 范围内，不同质量比与结构阻尼比圆柱体横向振动响应。徐俊凌[61]等使用 RANS 求解器，同时结合 SST$k$-$\omega$ 湍流模型，对自然频率比为 1 的低质量比弹性支撑圆柱，横向和顺流向两自由度运动进行模拟。黄智勇[62]等对低质量比柱体两向运动进行了数值模拟，着重研究单自由度与两自由度振动的差别。

国外方面 D. Sun[63]将 SST $k$-$\omega$ 湍流模型用于求解流固耦合问题，考察了该湍流模型对绕流模拟的可行性，同时模拟了二维阻流体绕流问题。E. Guilmineau[64]讨论了低质量比圆柱体在湍流中的两自由度涡激振动响应，分别模拟了圆柱体在固定速度、变流速下的两自由度涡激振动。K. Namkoong[65]将流体方程与结构方程合并求解,模拟了层流状态下梁的振动响应。Shuzo Murakami[66]用三维大涡模拟方法,模拟了二维方柱体的横向涡激振动响应。

上述研究表明,现阶段对于 CFD 方法模拟流固耦合问题的研究多以模拟柱体的横向振动为主,同时考虑横向与顺流向耦合作用的研究相对较少。其主要瓶颈在于,当柱体发生较大位移时其周围流体网格会发生严重挤压变形。若处理不当,会导致网格质量达不到精度要求使计算结果发散。甚至还会导致流体网格破裂,使计算过程无法继续进行。因此柱体的两向振动的模拟,对流体初始网格的划分与动网格的变形有着很高的要求。此外二维流固耦合模拟的对象大多是针对圆柱体,对于不同截面形式柱体涡激振动的 CFD 模拟较少,徐枫[67]针对三角形、六边形等不同截面形状的柱体,进行横向涡激振动模拟,结果发现截面形式对柱体振动频率和振幅有较大影响。盛磊祥(2007)[68]对带抑振装置柱体进行绕流分析,得到不同抑振装置形式对其受力的影响。

本章中基于现有的计算流体力学通用软件 FLUENT 和结构动力学原理,通过用户自定义函数,建立了二维单柱体两向涡激振动数值模型;首先针对固定圆柱体进行绕流分析研究,以验证网格形式、求解方法和时间步长选择的可靠性;然后模拟低质量比、低阻尼比圆柱体,进行两自由度涡激振动数值模拟,并将数值结果与 Jauvtis 及 williamson[14]实验结果进行对比;最后着重研究不同流速下,带不同形式抑振装置柱体两自由度涡激振动响应,将其结果与圆柱体的结果进行对比分析,寻找有效的抑振装置形式。

# 第二节　单柱体涡激振动数值模型的建立与求解

## 一、数值模型建立

单圆柱体涡激振动 CFD 模拟中,振动柱体模型被简化为弹簧-阻尼模型如图 4-1 所示,同时以动边界的形式参与计算。数值模型中,流体域的控制方程为二维不可压缩流体的连续方程(2.1)与 Navier-Stokes 方程(2.2);结构部分无量纲控制方程为(3.15)、(3.16)。计算模型区域与网格的划分、流体初始条件的确定,以及结构参数的设置将在以下部分一一详述。

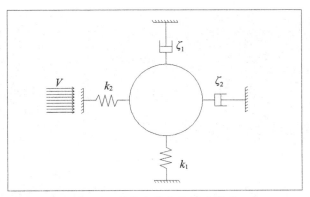

图 4-1　弹性支撑柱体振动模型

### （一）计算模型及流体网格设置

T. K. Prasanth[69]针对网格区域尺寸对圆柱体两自由度涡激振动响应的影响进行分析，结果发现当尾流区域长度 $L_d \geqslant 25.5D$，且整体区域高度 $H \geqslant 20D$ 时，柱体振动不受流体区域边界的影响。因此，在综合考虑计算量与计算精度的情况下，本章中计算流体区域尺寸确定 $54D \times 20D$ 为（$D$ 为圆柱直径），其中尾流区域为 $34D$，如图 4-2 所示。

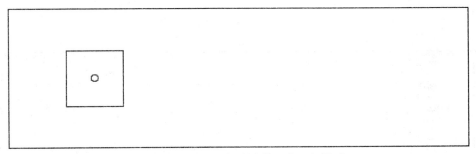

图 4-2　柱体涡激振动计算区域几何模型

整体计算区域网格划分及局部区域网格形式如图 4-3、图 4-4 所示。为保证动网质量及计算精度，计算区域内网格被分为三部分。各部分网格参数如表 4-1所示。柱体周围 $8D \times 8D$ 区域为网格加密区（Part Ⅱ＋Ⅲ）。紧邻柱体区域称为边界层（Part Ⅲ），其范围为 $R＝r$ 其中 $r$ 为柱体半径。边界层内网格不会由于边界运动而发生变形，且其将以相同的速度与柱体边界同步运动。

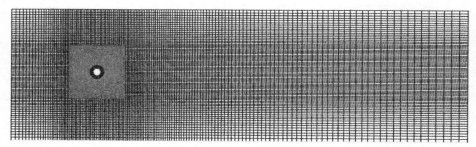

图 4-3　整体计算区域网格划分形式(Part Ⅰ+Ⅱ+Ⅲ)

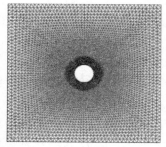

（a）网格加密区域网格划分

（Part Ⅱ+Ⅲ）

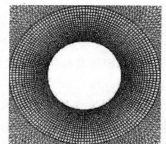

（b）边界层区域网格划分

（Part Ⅲ）

图 4-4　动网格区域网格划分形式

表 4-1　计算区域网格参数

| 网格参数 | Part Ⅰ | Part Ⅱ | Part Ⅲ |
|---|---|---|---|
| 网格类型 | 结构网格 | 非结构网格 | 结构网格 |
| 网格单元形式 | 四边形 | 三角形 | 四边形 |
| 运动形式 | 静止 | 弹簧近似光滑模型局部重划模型 | 与边界同步运动，不发生变形 |

## （二）计算初始条件的确定

流场区域入口边界设为速度入口，切向速度为零，只存在法向速度，且该法向速度即为来流流速。出口边界设为压力出口，使得能够保持计算稳定，从而加快收敛速度。上下壁面均设为滑移壁面条件，动边界表面则设为无滑移壁面，使其与实际情况相吻合。数值计算中，时间项采用全隐式积分方法，对流项则采用二阶迎风离散格式。控制方程中速度分量与压力的耦合则采用 SIM-PLEC 算法进行处理。数值模拟中，外流速变化范围为 0.1～1.0 m/s，相应的雷诺数变化范围为 1 800～18 000。

圆柱体在静水中的自振频率为 5.5 Hz。柱体结构的其他振动参数如表 4-2

中所示，其数值均与物理实验模型参数一致。

表 4-2　柱体结构振动参数

| 外径 $D(\mathrm{mm})$ | 内径 $d(\mathrm{mm})$ | 单位重量 $M(\mathrm{g})$ | 质量比 $m^*$ | 阻尼比 $\zeta$ |
|---|---|---|---|---|
| 18 | 16 | 209.9 | 2.61 | 0.001 5 |

## 二、柱体两自由度振动求解流程

流体部分采用 FLUENT 软件求解，编写 fsi-xy.c 程序求解流体与结构耦合作用，计算流程如下。

（1）固定柱体，利用 FLUENT 求解器对流场进行求解，直到获得的升力系数达到稳定状态。

（2）提取 $t_n$ 时刻升力系数 $C_L$，并根据柱体结构参数及初始条件，求解结构横向控制方程，给出柱体横向初始相对速度 $\dot{y}$。

（3）利用 $\dot{y}$，更新动网格区域流体网格，并将其传递回求解器，计算获取下一时间步升力系数。

（4）将升力系数重新带入结构无量纲控制方程，得到柱体瞬时横向位移、速度及加速度。

（5）循环第（3）～（4）步，当柱体顺流向曳力系数达到稳定状态后，同时提取该时刻升力系数 $C_L$ 与曳力系数 $C_D$。得到柱体横向速度，并根据初始条件获得柱体顺流向初始相对速度 $\dot{x}$。

（6）利用结构速度更新网格，得到升力与曳力系数。求解结构无量纲控制方程，从而获得柱体两自由度运动的位移、速度及加速度。

（7）循环计算，直至达到预定计算时间。

图 4-5 为低质量比，低阻尼比柱体两自由度涡致耦合振动数值模拟流程图。

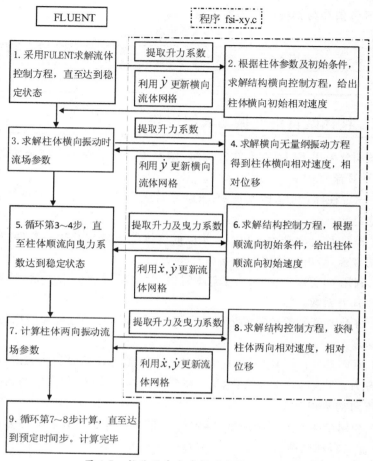

图 4-5　柱体两自由度振动求解流程图

# 第三节　圆柱体两自由度涡激振动响应评价

## 一、数值模型可靠性验证

为了验证流场数值模型的可靠性,首先进行圆柱绕流模拟,给出雷诺数为 $Re=200$ 时,柱体曳力系数与升力系数时程曲线(图 4-6)以及尾流中漩涡脱落频率。通过分析得到该条件下柱体平均曳力系数,升力系数脉动值及斯托罗哈数 $St$,并将其与万德成数值模拟结果以及国外各实验参考值进行比较,如表 4-3

所示。

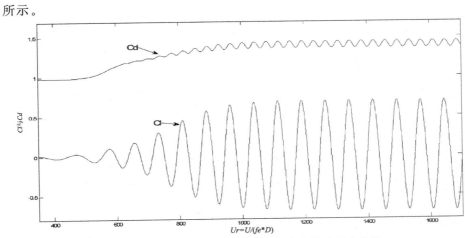

图 4-6　$Re=200$ 时圆柱绕流升力曳力系数时程曲线图

从绕流模拟得到的结果可以看出，所得受力系数 $St$ 与数均与参考值非常接近。本书中采用的网格划分方法，数值求解格式以及选择的时间步长均能很好的模拟柱体周围流场，流场计算模型具有一定的可靠性。因此，在接下来的涡激振动数值模拟中，采用该流场模型进行求解。

表 4-3　$Re=200$ 时圆柱绕流升力系数幅值、曳力系数平均值及 $St$ 数

| 参考值 | $\Delta Cl$ | $\overline{Cd}$ | $St$ |
|---|---|---|---|
| 万德成[54] | ±0.75 | 1.47 | 0.203 |
| Braza[70] | ±0.77 | 1.38 | 0.20 |
| Lecointe & Piquet[71] | —— | 1.46 | 0.194 |
| Mendes & Branco[72] | ±0.726 | 1.399 | 0.202 |
| 本书结果 | ±0.7328 | 1.3803 | 0.197 |

## 二、柱体涡激振动响应分析

数值模拟中，给定来流速度，使约化速度 0.92～9.23 在范围内变化。遵照上述计算流程进行计算，可得到柱体结构在不同流速下的振幅、升力与曳力系数以及振动频率，分别绘成图 4-7、图 4-8 和图 4-9。

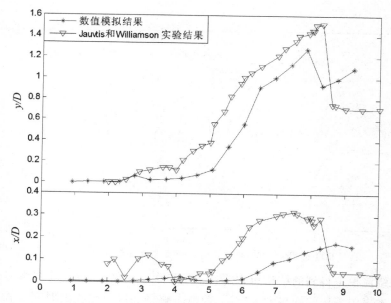

图 4-7 不同流速下,对应圆柱体横向振幅 $y/D$,顺流向振幅 $x/D$ 与实验结果比较

由图 4-7 可以看出,当流速很低时 $U_r=0.92\sim4.15$,柱体涡激振动现象并不明显,其相应横向与顺流向振幅均较小。当流速增大至 $U_r=2.78$ 时,柱体横向振动幅值开始小幅增加,其顺流向振幅依然变化不明显。而当流速达到 $U_r=4.15$ 后,柱体横向振幅明显增加,且其幅值增量随流速的增大不断增加。因此可以认为圆柱体涡激振动发生锁振现象大约在 $U_r=6.45$ 之后;而当 $U_r=7.84$ 时,圆柱体横向振动达到顶峰,此时其横向最大振幅为 $1.2772\ D$。与此不同,柱体顺流向最大值出现在 $U_r=9.23$,相应最大振幅为 $0.2216\ D$。Jauvtis 和 Williamson[14] 对具有低质量低阻尼比 $\delta_s$ 的圆柱体横向和顺流向振动进行了实验研究。将 Jauvtis 和 Williamson 的实验数据绘入图 4-6,发现实验中最大横向振幅 $1.5\ D$,最大顺流向振幅 $0.3\ D$,均发生在 $U_r=8.3$ 时。经比较,本书计算得到的圆柱体涡激振动与实验结果基本相同,其振幅的变化趋势与实验基本一致,但数值结果较实验结果略低。

圆柱体的升力与曳力系数变化趋势与柱体振幅变化规律基本一致(图 4-8)。但不同的是,其升力系数最大值出现在 $U_r=6.9$。也就是说,柱体振动幅值随流速的变化相比其受力系数要相对滞后。相对于圆柱体升力系数的变化,柱体平均曳力系数的变化趋势相对平缓。但从图中依然可以看到当流速达到 $U_r=5.08\sim7.84$ 区间时,柱体平均曳力系数存在明显增大的区间。

图 4-9 给出不同流速下漩涡脱落频率与结构自振频率比值,从图中可以看到在 $U_r=5.08$ 之后,其比值基本在 $f_s/f_n=1.0$ 附近。

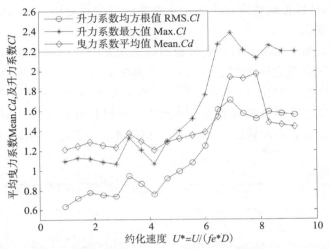

图 4-8 不同流速下,圆柱体升力系数(RMS. $y$,Max. $y$)与平均曳力系数

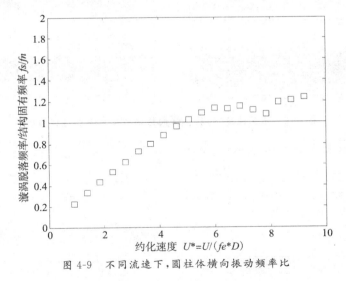

图 4-9 不同流速下,圆柱体横向振动频率比

# 三、柱体动力响应时程及运动轨迹分析

图 4-10、图 4-11 分别为不同流速下,柱体横向振幅与升力系数以及顺流向振幅与曳力系数的时程曲线关系图。从图中可以看出,当外流速发生变化时,柱体受力系数与振幅均会发生相应变化。由图 4-10 可知,柱体升力系数与横向

振幅始终呈现出平稳变化状态。随着流速的增加,升力系数变化量要小于振幅变化值。同时还可以看出流速越大,相应柱体达到稳定振动状态的时间越短。在各流速下,柱体振动均表现出规则正弦曲线的变化趋势,且柱体振幅与升力系数同相位变化。

　　柱体顺流向振幅与曳力系数时程曲线表现出与横向振动相似的变化规律(图 4-11)。随着流速不断增加,柱体顺流向振幅与曳力系数脉动量也相应增大。但与横向振动相比,顺流向振幅增大幅度要小得多。从图中还可以看出,柱体的平均曳力系数也随流速而发生改变。同时柱体顺流向振幅时程虽也呈现出较规则的正弦运动轨迹,但其曲线平稳程度要小于柱体的横向振动。

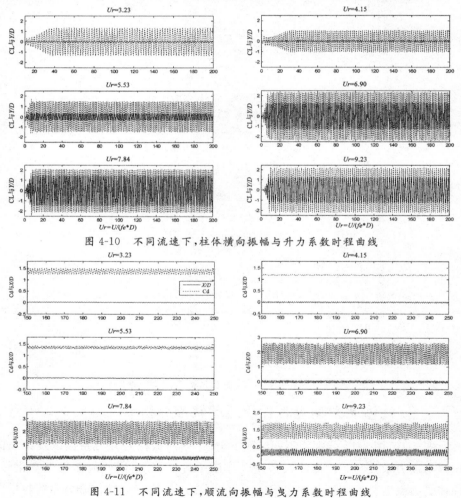

图 4-10　不同流速下,柱体横向振幅与升力系数时程曲线

图 4-11　不同流速下,顺流向振幅与曳力系数时程曲线

通过对柱体振动的时程曲线的快速傅立叶变化（FFT），发现柱体顺流向振动频率约为横向振动频率的 2.0 倍，这与实验结果是相符的。在这一频率比的约束下，柱体质心轨迹会呈现出类似"8"字形态。从图 4-12 中可以看出，当外流速很小 $U_r=3.23$ 时，柱体两向涡激振动幅值均很小，涡激现象并不明显。尽管如此，柱体的质心运动轨迹依然表现出"8"字形态，由于顺流向与横向位移间存在一固定值的相位差，因此 $U_r=3.23$ 时质心运动轨迹所呈现的"8"字中心点偏向一侧。当流速增大至 $U_r=4.15$，柱体顺流向振动较横向振动明显增强。在顺流向振动的影响下，柱体质心运动轨迹呈现出半月形态。即柱体在低流速下的涡激振动受顺流向作用较大。随着流速继续增加，开始进入锁振阶段，其质心运动轨迹也逐渐向标准"8"字形态转变。而当 $U_r=9.23$ 时，柱体横向振动明显减弱，而相应顺流向振动仍有小幅增长。在顺流向振动的影响下，柱体质心运动轨迹再次呈现出半月形态。而此时，柱体横向与顺流向位移间相位差相比低流速状态存在着 $180°$ 的转变。从柱体振动时程曲线分析中得出，在圆柱体的振动过程中，未出现明显的"差拍"现象。而这一结果也可由柱体的质心运动轨迹形态中得到验证，从图中看到，在各流速下柱体运动轨迹基本重合，表现出清晰地运动轨迹形态。

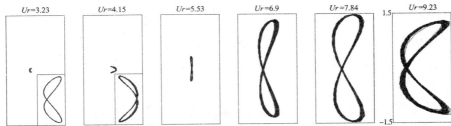

图 4-12 不同流速下，圆柱体质心运动轨迹

## 四、流体-结构耦合作用下流场特征分析

### （一）漩涡脱落模式

涡激振动是指由于漩涡脱落的发生，结构发生的周期性振动。漩涡脱落会对立管产生周期性的可变力，使得立管由于流体力的作用，在与流向垂直的方向上发生横向振动。因此，可以说漩涡是流体运动的关键，也是导致结构振动的主要原因。研究表明，漩涡脱落模式与结构涡激振动的规律密切相关，漩涡脱落模式及涡间距等会由于结构振动而发生改变。表 4-3 中列出了常见的漩涡脱落模式。

漩涡脱落模式名称的命名，是根据每一涡激振动周期所形成涡的数量来确定的。"P"是指成对出现的涡,"S"是指单个出现的涡。实验中常见的漩涡脱落形式主要有三种:2S、2P 及 P+S。2S 模式是指在每半个涡激振动周期内,其尾流区出现单个漩涡;在圆柱振荡每一周期内,出现两个独立的漩涡。2S 模式,也即卡门涡街模式,较其他所有涡脱模式而言最容易形成,也最为稳定。因此,消除和阻止该模式的形成,成为流动控制的主要研究对象。2P 模式是指每半个振动周期,泻放出一对逆向旋转的漩涡对。P+S 模式是指,每一个振动周期内,圆柱体尾流区内出现沿尾流中线不对称的漩涡形式,即柱体一侧出现单个漩涡,而另一侧则为一个漩涡对,如表 4-4 所示。

表 4-4 常见漩涡脱落模式

| 名称 | 漩涡脱落模式 |
|---|---|
| 2S | |
| 2P | |
| P+S | |
| P | |
| 2P* | |
| 2P+2S | |

除表中所列出的几种常见模式外,还存在 2T 和 2C 两种模式。当较小质量比圆柱体发生横向与顺流向两自由度涡激振动,并同时达到锁定状态时,往往

会出现 2T 模式。该模式是指柱体每半个振动周期泻放出三个漩涡。当转动惯量比较小的圆柱体在锁振区间内同时发生三自由度（顺流向、横向和扭转）运动时，其尾流区域会出现 2C 模式，即每半个振动周期内，柱体尾流区出现一个同向旋转的漩涡对。

在不同的涡激振动条件下，可能会出现形式更复杂的漩涡脱落结构。但无论有多复杂，漩涡结构基本都可以看作是 2S、2P、2T 和 2C 四种基本模式的组合。对于实验中常见的漩涡脱落模式，Williamson 和 Roshko[73] 给出了振荡圆柱体尾流漩涡脱落模式变化的结果，如图 4-13 所示。

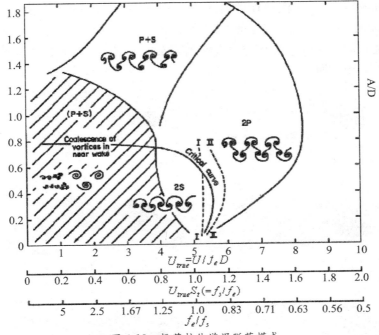

图 4-13　振荡柱体漩涡脱落模式

图 4-13 中的临界曲线（Critical Curve）引起了人们的重点关注。临界曲线出现在锁定频率附近，当柱体振动参数或响应值穿越了这条曲线时，尾流区域的漩涡脱落结构就会从一种形态变为另一种形态（例如 2S 与 2P 模态之间的转换）。而相关研究表明，尾流中的漩涡形态的变化往往伴随着漩涡脱落时间的转变，以及流体力相位的改变。临界曲线的位置并不会一成不变，它可以根据圆柱体振动频率的过渡方向，以及振动频率变化幅度等因素发生相应变化。早期实验研究（Bishop 和 Hassan，1964）[74] 发现，当柱体振动由低频向高频过渡时，临界曲线位置就偏向高频区，如图中的曲线 I；而当柱体振动由高频到低频

过渡时,临界曲线位置就会相应地偏向低频,如图中的曲线Ⅱ。

### (二)圆柱体涡激振动尾流流场分析

通过对单圆柱体涡激振动的数值模拟,同时也得到了典型流速下圆柱体涡激振动尾流涡量图,如图 4-14(a)~(g)所示。从图中可以看到,当 $U_r = 3.23$ 时,$f_s$ 漩涡脱落频率 与圆柱体的自振频率相差较大,此时尾涡结构与静止圆柱绕流结果接近,呈现出"2S"模态。随着流速增大,漩涡脱落距离开始减小,涡街形成的位置开始缩短。当 $U_r = 5.53$ 时,柱体即将进入锁振阶段,涡街形成的距离进一步缩短,泄放的漩涡逐渐拉长。当柱体进入锁振状态,柱体振动开始由低频向高频转变,其尾流在柱体涡激振动的影响下开始向"2P"模态转变。当 $U_r = 7.84$ 时,尾流呈现出完全的"2P"模式,即半个周期内柱体后部泻放出一对漩涡。随着流速继续增加,柱体开始脱离其锁振阶段($U_r = 9.23$),其尾流形式逐渐向"2S"模态回归。

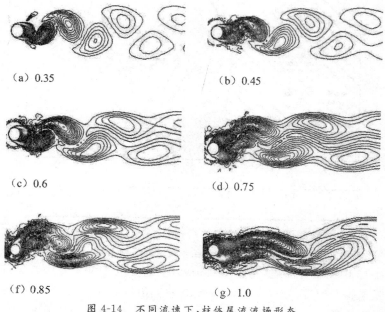

（a）0.35  （b）0.45

（c）0.6  （d）0.75

（f）0.85  （g）1.0

图 4-14　不同流速下,柱体尾流流场形态

# 第四节　带抑振装置柱体涡致耦合振动分析

## 一、抑振装置抑制原理

随着海洋技术的发展,海洋平台等不断向深海甚至超深海进军。因此人们对海洋立管的设计要求越来越高。目前研究中为防止或抑制涡激振动的发生所采用的方法主要为以下两种形式[75]。

(1)主动控制。即通过调节结构自身的属性,如改变自身阻尼系统,或改变固有圆频率等。从而降低结构在流体作用下的动力响应。

(2)被动控制。即通过扰流装置影响和改变漩涡的发生条件以及尾流模态从而达到削弱流体振荡力的目的。

尽管主动控制方法可以在一定程度上抑制涡激振动,即通过改变结构动力特性减缓立管结构的疲劳破坏。但与被动控制相比其存在着成本高,选材不易等缺点。

被动控制是从流场入手,即以阻止漩涡的形成和发展来达到降低涡激振动强度的目的。其具体实现方法是在结构表面及尾流范围内布置不同形式的扰流装置,从而改变涡的分离点位置。这样漩涡形成所必需的位置、长度及其相互作用形式会因此而破坏,从而抑制漩涡形成和泄放。研究发现,由于非圆形截面比圆形截面的 Strouhal 数低,所以通过改变结构截面形状(如采用四边形、三角形、D 形等),也可以在一定程度上抑制涡激振动的发生。但同时发现,非圆形截面的使用会使曳力显著增大,并且还会引起其他形式的振动。故在工程上还是首选圆形截面。尽管如此,通过上述研究还是可以看出,适当改变截面形状对于涡激振动的抑制是有效的。目前国外已研制出了多种型式 VIV 抑制装置,工业上常用的主要有两种型式:螺旋导板和流线型的导流板。

螺旋导板(图 4-16),是早期涡激振动抑制方法中具有的代表性的技术手段。2H 海洋工程公司的 Paolo(1999)[76]针对用于降低海洋立管涡激振动的扰流装置-螺旋导板,进行了模型试验研究。研究结果表明:螺旋导板能有效地抑制 VIV。目前这种装置是应用程度最广泛的一种抑振型式,在多个实际工程中该装置被成功应用于平台的立管上,并发挥了很好的作用。

另外一种是流线型抑制装置——导流板(图 4-15)。其工作原理为,通过导流板的自由摆动来适应周围的流场,改变结构附近的流体状态,从而有效地减少涡旋的产生,最终达到降低立管涡激振动横向幅值的目的。Jaiswal (2007)[77] 分别对布置抑振装置螺旋导板以及导流板的立管进行了研究,分析了它们的不同覆盖率时的抑振性能。英国苏格兰北部油田的石油平台的钻井立管安装了导流板,应用效果表明其抑振效果非常显著。现阶段导流板抑振装置不仅适用于垂直的立管,同时还在钢悬链线立管(SCR)上得到成功应用。

图 4-15　抑制装置 farings

图 4-16　抑制装置 strakes

　　除上述两种最为常用的抑振装置螺旋导板、流线型的导流板外,还有其他几种常见的抑振装置形式[78~79]。如图 4-17 所示,安装覆盖物(shroud)[图 4-17

（b）]、轴向板条（axial slats）[图 4-17（c）]、分隔板（splitter plate）[图 4-17（e）]、
飘带（ribboned cable）[图 4-17（f）]、阻流片（spoiler plates）[图 4-17（g）]等。

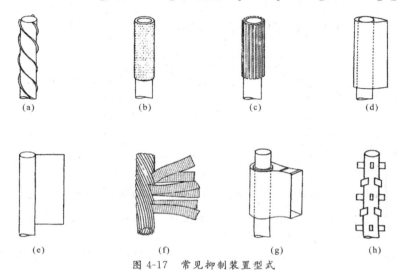

（a）　　　　　　（b）　　　　　　（c）　　　　　　（d）

（e）　　　　　　（f）　　　　　　（g）　　　　　　（h）

图 4-17　常见抑制装置型式

本书模拟的柱体形式分别为带有三角形导流板形式柱体[图 4-17（d）]（后
简称带三角柱体），以及带有板型导流板形式的柱体[图 4-17（e）]（后简称带板
柱体）。

## 二、控制方程及参数选取

本书模拟的柱体形式为带三角柱体以及带板柱体。两种形式柱体的尺寸
参数如表 4-5 所示。柱体的结构参数参照圆柱体进行设置。

表 4-5　柱体尺寸参数（单位 mm）

| 参数 | 柱体 | 三角形导流板(10) | 三角形导流板(14) | 板型导流板 |
|------|------|------------------|------------------|-----------|
| 外径 $D$ | 18 | 18 | 18 | 18 |
| 尾翼长 $l$ | 0 | 10 | 14 | 18 |

图 4-18（a）为带抑振装置柱体计算区域几何模型图，除动边界形式外，其余
各项设置均与圆柱体计算区域相同。图 4-18（b）所示则为带抑振装置柱体，在
网格加密区内的几何模型图。

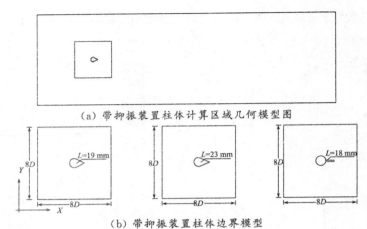

（a）带抑振装置柱体计算区域几何模型图

（b）带抑振装置柱体边界模型

图 4-18　带抑振装置柱体涡激振动模拟模型图

# 三、抑制效果的数值评价与分析

利用前面"控制方程及参数选取"中的数值计算流程，对带有抑振装置的不同截面形式柱体进行数值模拟。分别得到不同约化速度下，柱体升力、曳力系数以及振动幅值的变化规律，并将其与圆柱体结果进行比较。

## （一）升力系数与曳力系数

图 4-19 给出不同截面形式的升力系数均方根值与平均曳力系数的变化规律。

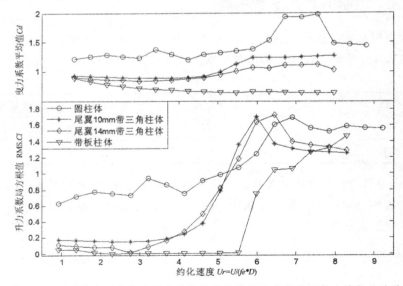

图4-19　不同流速下各截面形式柱体的升力系数均方根值及曳力系数平均值

从图 4-19 中可以看出,带三角柱体较圆柱体提前进入锁振阶段,达到锁振状态时,二者的最大升力系数的均方根值大致相等。其他状态下,带三角柱体的升力系数较圆柱体小。带板柱体升力系数的均方根值均小于圆柱体,其发生锁振时的约化速度与圆柱体基本相同。由于抑振装置改变了顺流向结构长度,使得带有抑振装置柱体曳力系数的平均值普遍小于圆柱体。

**(二)横向与顺流向振幅分析**

图 4-20 中分别给出不同流速下,不同截面柱体的振动幅值。由图可见,抑振装置的使用有效地抑制了柱体的横向振动,振幅明显降低。但对顺流向振动影响不大,且当带三角柱体达到锁振状态时,顺流向振幅大于圆柱体的顺流向振幅。带板柱体顺流向振动振幅较前两者偏低。两种带三角柱体对横向振动的抑振效果相差不大,而对于顺流向振动,尾翼为 14 mm 柱体的抑振效果优于尾翼为 10 mm 柱体。各截面形式柱体抑振比率为某流速下振幅减少量与圆柱体振幅之比,表 4-6 给出了各截面形式柱体平均抑振比率,其中负值表示其振幅大于圆柱体振幅。由图 4-20 还可以看出:3 种截面形式柱体达到锁振状态的时间及振幅变化趋势基本一致。

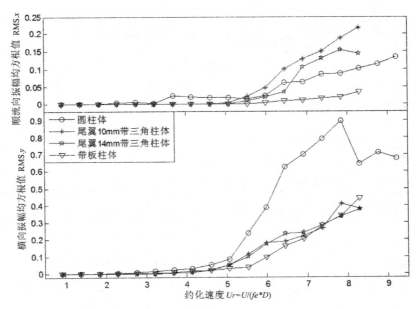

图 4-20 不同流速下,各截面形式柱体振动幅值均方根值

表 4-6　各截面形式柱体平均抑振比

| 抑振比率 | 圆柱体 | 带三角柱体(10) | 带三角柱体(14) | 带板柱体 |
|---|---|---|---|---|
| 横向 | 100% | 67.95% | 69.39% | 87.51% |
| 顺流向 | 100% | −164.75 | −59.94% | 67.28% |

### (三) 典型流速下柱体响应特性

根据前面的分析,不同的截面形式对升力、曳力系数以及振动幅值均有影响。取 $U_r=5.53$ 与 $U_r=7.84$ 作为典型流速,分析不同截面形式对柱体升力、曳力系数与振动幅值的影响(图 4-21)。同时给出每种截面形式柱体在各自典型流速下的质心运动轨迹。从图 4-21 中可以看出,当 $U_r=5.53$ 时,3 种柱体均未进入锁振状态[图 4-21(a)]。由于三角形截面柱体已接近锁振状态,柱体振动受到其固有频率影响,曲线均表现出明显"差拍"现象。圆柱体时程曲线较为稳定,而带板柱体升力系数曲线发生明显偏移,且振幅很小。当 $U_r=7.84$ 时,3种截面形式柱体均处在锁振状态下[图 4-21(b)]。柱体振幅明显增大,振动频率锁定在固有频率附近。

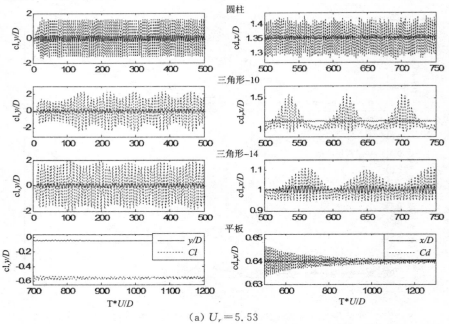

(a) $U_r=5.53$

图 4-21　$U_r=5.33$ 与 $U_r=7.84$ 时,3 种截面形式柱体升、曳力系数与位移时程曲线

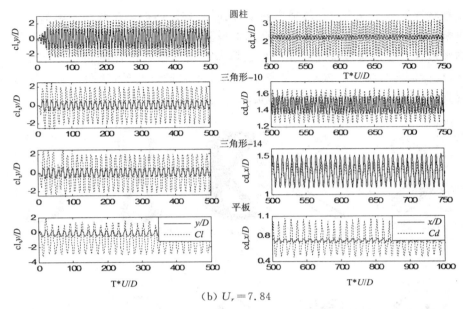

(b) $U_r = 7.84$

图 4-21  $U_r = 5.33$ 与 $U_r = 7.84$ 时,3 种截面形式柱体升、曳力系数与位移时程曲线

此外,与其他三种截面形式柱体不同,带板柱体升力系数与横向的振幅平均值均为负值,即发生横向振动时,柱体脱离了原来平衡位置。这是由于板状导流板使得其后的区域产生压力突降,从而使尾流区域的压力零点上移,漩涡向外传播方向与来流方向产生了明显偏角,由此造成了板状柱体横向升力均值发生严重偏移,呈现明显的非对称性。

**（四）柱体质心运动轨迹**

图 4-22(a～d)给出了每种柱体在各自过渡状态和锁振状态下的质心运动轨迹。与圆柱体相比,带三角柱体与带板柱体均表现出不同的运动轨迹形式。当流速较小时,带三角柱体横向与顺流向振动基本趋于稳定,此时横向振动受顺流向振动影响较小,同时其横向与顺流向振动之间相位差也很小,特别是尾翼长为 10 mm 的带三角柱体,该流速下其质心运动轨迹基本呈标准"8"字形态。当流速增至 $U_r = 4.15$,带三角柱体振动出现了明显"差拍"现象,同时其两向振动时程曲线均未呈现标准正弦曲线形式。在这一现象的影响下,柱体质心运动轨迹出现不规则的"重影"现象。尽管如此,从图中仍能观察得到"8"字形状。当流速继续增加,两种带三角柱体的质心运动轨迹又再次呈现出清晰规则的"8"字形态。

带板柱体质心运动轨迹未呈现"8"字形状[图 4-22(d)]。其原因主要是由于板状导流板不仅影响柱体横向振动,同时对顺流向振动振幅和频率都有较大影响。带板柱体横向与顺流向振动基本趋于同相位运动,质心运动轨迹呈现出椭圆形状。通过对板状截面导流板在典型流速下振幅进行傅立叶变化分析发现,柱体横向与顺流向振动包含频率个数也不相同。此外,从图中也能明显观察到,柱体横向振动的平衡位置为负。

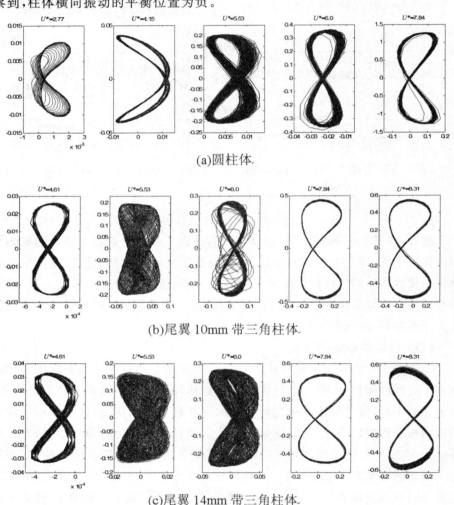

(a)圆柱体

(b)尾翼 10mm 带三角柱体

(c)尾翼 14mm 带三角柱体

图 4-22　各截面形式柱体在各自典型约化速度下的质心运动轨迹

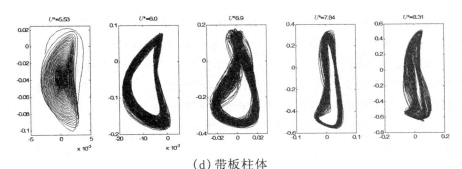

(d) 带板柱体

图 4-22　各截面形式柱体在各自典型约化速度下的质心运动轨迹

## 四、抑振装置对尾流流场的影响

图 4-23、图 4-24 与图 4-25 分别为不同流速下各截面形式柱体尾流涡量图。从这些图中可以看出，在抑振装置的影响下各柱体尾流漩涡脱落形式均发生较大改变。当流速为 $U_r = 3.23$ 时（图 4-23），由于三角形导板的存在使得该流速下尾翼为 10 mm 带三角柱体尾流漩涡脱落的距离明显增加，漩涡长度明显增大，而在漩涡脱落处仍可见涡街出现。带板柱体的尾流则被板型抑振装置分成平行的两部分，且各部分附面层均未发生分离。即在低流速下带板柱体振动其尾流未发生漩涡脱落。尾翼为 14 mm 的带三角柱体尾流兼有尾翼为 10 mm 带三角柱体及带板柱体两者特征。因此其尾流呈现出两列平行的漩涡脱落形式，并且漩涡脱落距离与漩涡长度均大于尾翼为 10 mm 带三角柱体。

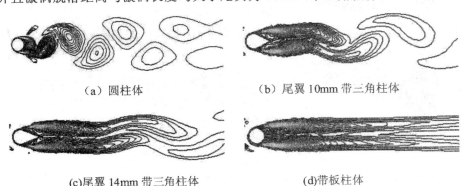

（a）圆柱体　　　　　　　　（b）尾翼 10mm 带三角柱体

（c）尾翼 14mm 带三角柱体　　　　　　（d）带板柱体

图 4-23　$U_r = 3.23$ 尾流涡量图

从图 4-24 中可以看出，当 $U_r = 5.53$ 时各截面柱体逐渐接近涡激振动锁振阶段。此时圆柱体尾流开始向"2P"模态转变，而带三角柱体尾流则呈现出明显的"2S"模式，脱落的漩涡在柱体两侧交替出现。须注意的是，在三角尾翼尖端处两侧交替出现两个小涡。但由于该点处附面层发生的分离量很小，故小涡仅附着于柱体表面存在，未发生脱落。该流速下带板柱体尾流开始出现漩涡脱落形态，而此形态类似于 $U_r=3.23$ 时带三角柱体尾流形态。因此板状导流板在减小了柱体横向振动的同时，也使得其尾流变化相对滞后。当 $U_r=7.84$ 时各截面柱体均进入其锁振阶段，圆柱体尾流呈现完全的"2P"模式（图 4-23）。此时在带三角柱体尾端两侧均出现的小涡逐渐增大并开始脱落，其尾流呈现出 2P＋2S 模式。带板柱体尾流相比前一流速变化不大，其尾流漩涡脱落以近似"2P"模式存在。

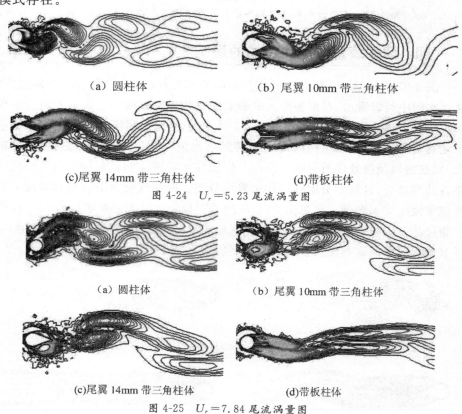

（a）圆柱体 　　　　　　　　　（b）尾翼 10mm 带三角柱体

(c)尾翼 14mm 带三角柱体 　　　　　(d)带板柱体

图 4-24 　$U_r=5.23$ 尾流涡量图

（a）圆柱体 　　　　　　　　　（b）尾翼 10mm 带三角柱体

(c)尾翼 14mm 带三角柱体 　　　　　(d)带板柱体

图 4-25 　$U_r=7.84$ 尾流涡量图

综上可以看出，由于抑振装置的存在，振动柱体的尾流形式发生了很大变化。三角导板使得柱体更接近流线型其附面层不易发生分离，漩涡脱落发生的时间也相对滞后。因此带三角柱体两侧升力变化值相应减小，柱体的涡致横向振动也就受到抑制。而当带三角柱体进入锁振阶段后，在其三角尾翼的尖端处交替形成两个小涡。随着流速增加小涡也在逐渐增大并随附面层一起发生脱落,这一变化使带三角柱体尾流呈现出特殊状态。在小涡的影响下柱体所受顺流向脉动力增加,顺流向振动随之增加。这一现象也解释了进入锁振状态后带三角柱体的顺流向振动幅值要大于圆柱体的原因。板状导板将柱体尾流分为两个部分,这使得附面层更加不易分离。随着流速的增加柱体尾流逐渐出现漩涡脱落现象。但由于其涡脱位置远离柱体表面,使得带板柱体两侧升力值大大减小,柱体的横向振动明显减弱。由于两层尾流的出现导致带板柱体后端压力产生突降,从而使其顺流向振动同样受到抑制。但由于柱后区域压力的变化,使得该柱体的横向振动平衡位置发生严重偏移。因此当立管结构采用该抑振装置时振动立管的整体位形会发生相应改变。

# 第五节　本章小结

基于现有的计算流体力学通用软件 FLUENT 和结构动力学原理,通过用户自定义函数,建立了二维单柱体两向涡激振动数值模型。编制 fsi-xy.c 自定义程序实现了流体对结构作用力的提取以及柱体边界运动控制。同时利用动网格技术对流体域网格进行更新。利用该模型首先对低质量比低阻尼比圆柱体两自由度涡激振动响应进行模拟。通过对得到的柱体振动幅值、受力系数以及质心运动轨迹的研究发现,单圆柱体涡激振动响应随流速的增加,出现明显的锁振区间。同时由不同流速下振动圆柱体尾流模式的变化规律看出,圆柱体尾流形态的变化基本遵照 Williamson 和 Roshko 给出的漩涡脱落变化模式进行,柱体尾流漩涡脱落模式逐渐由“2S”模式向“2P”模式的转变。将单圆柱体涡激振动数值模拟与实验结果进行对比,验证了该模型的适用性。

基于此模型,本章重点研究了带导流板抑振装置弹性支撑柱体在不同流速下的涡激振动现象。通过对带三角导流板柱体两自由度涡激振动响应的模拟发现,该抑振装置能够有效减小柱体的横向振幅,但加剧了其顺流向振动。尾翼为 14 mm 柱体的横向抑振效果可达 69.39%,略优于抑振效果为 67.95%的尾翼为 10 mm 柱体。由带三角柱体尾流漩涡脱落变化形式可以看出,当柱体未进入锁振阶段时,在三角导板的影响下柱体尾流变化趋势与圆柱体相比略有滞后,漩涡脱落的距离明显增加,漩涡长度明显增大。当约化速度达到 $U_r=5.53$ 时,在三角尾翼尖端处两侧交替出现两个小涡,并且随着流速的增加,小涡也在逐渐增大并随附面层一起发生脱落,柱体尾流逐渐表现出 2P+2S 模式。受其影响带三角柱体顺流向振幅明显增加,甚至超过圆柱体的振动幅值。

　　由带板柱体两向涡激振动研究发现,其对柱体的横向与顺流向涡激振动均有较好的抑制作用,横向振幅平均抑振率为 87.51%。带板柱体的尾流被板状导流板分成了两层平行的尾流形态。在该尾流形态影响下,带板柱体所受升力与脉动曳力均相对较小,故带板柱体的两向振幅受抑制作用最大。由数值结果还可以看出,板状导流板使得柱体后端压力突降,从而使该柱体的横向振动平衡位置发生严重偏移。因此当立管结构采用该抑振装置时,振动立管的整体位形会发生相应改变。

　　对比三种形式带导流板柱体涡激振动响应结果,综合考虑各影响因素发现,尾翼为 14 mm 导流板抑振效果最佳,这与工程实际也是一致的。由此可以证明本章建立的二维单柱体两向涡激振动数值模型,适用于不规则截面柱体流固耦合响应的模拟。

# 第五章
## 群柱体系干涉效应数值计算

## 第一节 群柱体系干涉效应概述

实际工程中,流场中的柱体结构往往不是单独存在的,而由多个柱体所组成的群柱体系是工程结构的一种常见的排列形式,如海洋工程中立管结构与平台锚泊系统所组成的群柱体系等。单柱体作为最典型的钝体,已引起学者们的广泛关注,由上一章可知,现阶段已对单柱体绕流与涡激振动响应进行了大量实验与数值模拟研究。相对于单柱体,群柱体系的涡激振动响应特性则要复杂得多。当流体流过柱群时,由于多个柱体间的相互影响,会使得流场发生强烈变化。由于柱群之间干涉的强非线性,使得柱群中单柱所受流体力及其涡激振动响应特征,都与单柱体有着明显的差别。

目前,对群柱干扰效应的研究大多数是针对双圆柱体系[80]。双柱体的主要排列方式有三种:串联排列、并肩排列以及交错排列,如图 5-1 所示。

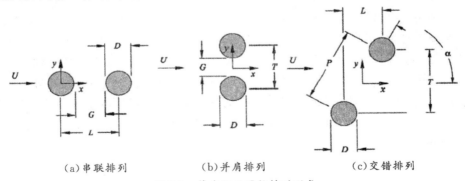

(a)串联排列　　　　　　(b)并肩排列　　　　　　(c)交错排列

图 5-1 等直径两圆柱排列形式

对于不同排列形式双圆柱体的干涉效应问题常依靠实验进行研究。实验研究中流场测试的四种常用技术手段为恒温风速仪技术(constant temperature anemometry，简称 CTA)，流场可视技术(flow visualization，简称 FV)，激光感生荧光技术(laser-induced fluorescence，简称 LIF)，以及粒子图像测速(particle image velocimetry，简称 PIV)。而实验中测得的重要参数有斯托罗哈数($St$)、平均与脉动压力系数($C_P$,$C'_P$)、平均基础压力系数($C_{PB}$)、平均与脉动曳力系数($C_D$,$C'_D$)及升力系数($C'_L$)等。

Alam[81~82]等采用 FV 技术和流体压力测量方法，分别对雷诺数为 $6.5 \times 10^4$,$4.7 \times 10^4 d$ 的串联与并肩两种排列方式的圆柱进行了绕流实验，柱体中心间距为 $1.1 D \sim 9 D$，得到了 $St$,$C_P$,$C'_P$,$C_D$,$C'_D$,$C'_L$。Xu 等[83]利用 CTA,PIV 方法，对雷诺数为 $800 \sim 4.2 \times 10^4$ 的流场进行串联圆柱绕流实验，分析了间距为 $1 D \sim 15 D$ 柱体的斯托罗哈数。Zhang 和 Melbourne[84]主要利用流体压力与结构表面力测量技术，测得雷诺数为 $1.1 \times 10^5$，且柱间距为 $2 D \sim 10 D$ 的 $C_P$,$C'_P$,$C_D$,$C'_D$ 及 $C'_L$ 值。Zdravkovich[85~86]与 Pridden[87]则通过实验测得雷诺数为 $6 \times 10^4$ 时的双圆柱表面压力场及曳力系数值。郭晓辉等[88]利用 PIV 技术，对间距为 $1.11 D$ 的串联圆柱进行绕流分析。可以看出，当前关于柱群的研究多集中在绕流分析上，实验主要研究了由于柱体的干涉效应而导致的流场破坏及其影响的尾流区漩涡的脱落形式。

对于柱群的数值研究，所见文献中多以群柱绕流模拟为主。主要分析得到不同流速下，多柱体绕流流场变化形式。Carmo[89]对串联排列的两圆柱体进行绕流数值模拟。Meneghini[90]采用流场分步法，模拟了不同间距下，串联与并肩排列两圆柱体绕流流场，主要分析了柱体间距对漩涡脱落的影响。曹洪建，查晶晶和万德成[91]等利用开源代码 OpenFOAM 编制的 CFD 程序数值模拟双圆柱绕流流动问题，分析讨论两圆柱在串行排列和并行排列情况下，间距的改变对绕流流场和各圆柱受力情况的影响。赵明[66]等针对不同直径两柱体绕流进行数值模拟，分析了柱体直径对流场的影响。

综合上述研究，可以发现影响干涉效应的因素有很多，如斯托罗哈数($St$)、升力与曳力系数、雷诺数($Re$)以及柱体中心间距($L/D$)。Igarashi[92]通过实验，从组合流场分析和组合长细比与 $Re$ 数的测量数据中，对串联干涉效应流场进行定义。串联绕流尾流区域的漩涡脱落形式主要分为六种，如图 5-2 所示。

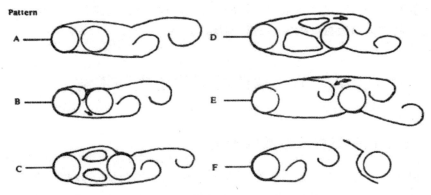

图 5-2　双圆柱绕流流场模式图

在不同影响因素下,当柱体中心间距达到某个特定值时,漩涡脱落模型会发生相应转换。串联排列两圆柱体尾流区域漩涡脱落模式的分类,主要是根据圆柱体中心轴线的纵距与雷诺数来进行的。各个模态流动特性如下。

模态 A:来自上游圆柱体的分离剪切层,还未再次附着到下游圆柱体。

模态 B:在下游圆柱体不远处出现剪切层涡流,它的形成和脱落与另一个下游圆柱体剪切层的附着是同步的。

模态 C:在两个柱体之间形成半稳态的漩涡。

模态 D:半稳态的漩涡变得不稳定,而且出现间歇性的涡流脱落。

模态 E:来自上游圆柱体的分离剪切层,在下游圆柱体的前方,暂时性的间歇卷起。模态 E 出现在 D 和 F 模态的过渡区域内,称为双稳流。

模态 E:在该模式下,主要是连续性的双稳流。

模态 F:来自上游圆柱体的分离剪切层,在下游圆柱体的前方卷起。

模态 G:该模态出现在模态 A、B 和 C 的过渡区域中,且为不稳定的流动。

目前柱群的干涉效应逐渐成为关注的热点,但所见文献中对于多柱体涡激振动的干涉分析其数量都还相对较少。Mittal[93] 等分别对雷诺数为 100 和 1 000 时的串联与交错排列两圆柱体,进行涡激振动数值模拟。Prasanth[94~95] 等则模拟了低雷诺数 $Re=100$,柱间距为 5.5 $D$ 的双圆柱的涡激振动响应。徐枫[96] 等对间距比在 1.5~6.0 之间变化的正三角形排列的三圆柱体进行涡激振动数值模拟。

综上可以看出,对双柱体涡激振动的数值模拟大多局限于较低雷诺数。因此本章中重点研究了雷诺数范围为 6 300~18 000 的,串联与并列两种排列形式对圆柱体涡激振动的干扰效应。通过对串联排列与并列排列双圆柱体的涡激振动的数值模拟,得到其在不同流速与不同柱体中心间距下的振动响应。从而计算得到升力和曳力系数，以及横向与顺流向变化，最终分析得出柱间距与流速对两柱体涡激振动的响应的影响规律。

# 第二节　数值模型的建立与求解

## 一、控制方程及参数的确定

流体域的控制方程为二维不可压缩黏性流体的连续方程和 Navier-Stokes 方程。流场中并列排列的各圆柱体，均简化为质量、刚度和阻尼分别为 $M$、$K$ 和 $C$ 的弹簧-阻尼模型。

计算中同时考虑顺流向振动对横向振动的影响，因此圆柱体的两自由度涡激振动无量纲方程如下所示：

$$\ddot{x}_i + \frac{4\pi\zeta_i}{U_r}\dot{x}_i + \left(\frac{2\pi}{U_r}\right)^2 x_i = \frac{2}{\pi m_i^*}C_{D_i} \tag{5.1}$$

$$\ddot{y}_i + \frac{4\pi\zeta_i}{U_r}\dot{y}_i + \left(\frac{2\pi}{U_r}\right)^2 y_i = \frac{2}{\pi m_i^*}C_{L_i} \tag{5.2}$$

式中，$x_i$ 和 $y_i$ 分别为第 $i$ 个圆柱的顺流向与横向瞬时位移。模拟中的各个圆柱的直径 $D$ 相同，同时设定各个圆柱的振动参数均相同。方程中 $C_{D_i}$，$C_{L_i}$ 分别为第 $i$ 个柱体所受流体力的无量纲系数，其余各参数含义同式(3.22)与(3.23)。

## 二、群柱体系涡激振动求解流程

与单圆柱涡激振动数值模拟类似，双柱体涡激振动数值研究中，流体部分仍采用 FLUENT 软件求解，同时编写 fsi-2c-xy.c 程序求解流体与结构耦合作用。与单圆柱体不同的是，由于双圆柱涡激振动模拟中，动边界数量为 2。因此在编程过程中，需通过特殊宏分别对相应边界进行处理，以获得两柱体在相同时间内的不同运动响应形式。双圆柱体涡激振动数值模拟计算流程如下。

(1) 固定两柱体，利用 FLUENT 求解器对流场进行求解，直到获得的两圆柱体升力系数达到稳定状态。

(2) 依次提取 $t_n$ 及 $t_{n+1}$ 时刻上、下游柱体的升力系数 $C_{L1}$ 与 $C_{L2}$。根据柱体结构参数及初始条件求解结构横向控制方程，给出柱体横向初始相对速度 $\dot{y}_1$ 与 $\dot{y}_2$。

(3) 依次利用 $\dot{y}_1$ 与 $\dot{y}_2$ 更新动网格区域流体网格，并将其传递回求解器，计算获取下一时间步两圆柱体升力系数。

（4）将两柱体新的升力系数重新带入结构无量纲控制方程，分别得到上下游柱体的瞬时横向位移、速度及加速度。

（5）循环第（3）～（4）步，当两柱体顺流向曳力系数达到稳定状态后，依次提取上下游柱体，该时刻的升力系数 $C_{L1}$ 与 $C_{L2}$ 与曳力系数 $C_{D1}$ 与 $C_{D1}$。得到两柱体横向速度 $\dot{y}_1$ 与 $\dot{y}_2$，并根据初始条件获得柱体顺流向初始相对速度 $\dot{x}_1$ 与 $\dot{x}_2$。

（6）利用两结构速度更新全部网格，分别得到上下游柱体升力与曳力系数。通过求解结构无量纲控制方程，从而获得流域内两柱体两自由度运动的位移、速度及加速度。

（7）循环计算，直至达到预定计算时间。

图 5-3 为具有低质量比、低阻尼比的两柱体两自由度干涉涡激振动数值模拟流程图。

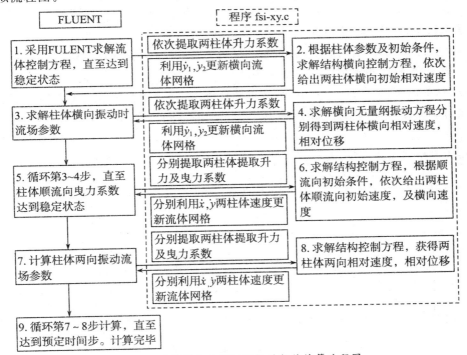

图 5-3　两圆柱体干涉涡激振动数值计算流程图

# 第三节 串联排列柱体涡致耦合振动数值计算

## 一、计算域与初始条件设置

串联排列双圆柱涡激振动数值模拟整体计算区域尺寸、边界条件、柱体排列方式如图 5-4 所示。综合考虑网格质量、计算效率与精度,整体流体计算区域尺寸确定为 $20\,D \times 70\,D \sim 20\,D \times 74\,D(D$ 为圆柱直径),其中尾流区域均为 $48\,D$。图中 $L$ 为两圆柱中心之间的间距,模拟中往往将其表示为间距比 $L/D$。在计算中,为防止运动边界在运动过程中发生碰撞,导致网格破裂使计算无法顺利进行,故选择 $L/D=3$ 为最小柱间距比。因此,在本节串联双圆柱涡激振动模拟中,共选择 8 级间距比,$L/D=3 \sim 10$。

由于双圆柱涡激振动模拟较单圆柱更为复杂,因此其计算网格的划分需更加精确,数值模拟流体区域网格模型如图 5-5 所示。为保证动网质量及计算精度,计算区域仍被分为三部分,且较单圆柱模型,动网格区域范围相应扩大以满足计算需要。动网格区域范围扩大为 $6\,D \times 12\,D \sim 6\,D \times 16\,D$,且进行网格加密。紧邻柱体区域部分设为边界层,其范围为 $R=r$,其中 $r$ 为柱体半径。边界层内网格不发生变形,并且以相同的速度与柱体边界进行同步运动。

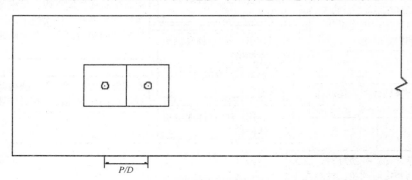

图 5-4 串联排列双圆柱涡激振动数值模拟模型示意图

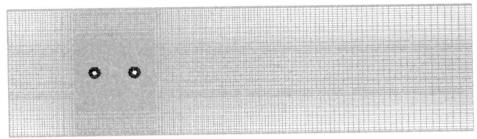

图 5-5　串联排列双圆柱流体区域网格模型

　　流场区域入口边界、出口边界、上下壁面边界、动边界表面边界条件设置均与单圆柱模拟相一致。数值计算中,时间项仍采用全隐式积分方法,对流项则采用二阶迎风离散格式。控制方程中速度分量与压力的耦合则采用 SIMPLEC 算法进行处理。在双圆柱涡激振动数值模拟中,外流约化速度的变化范围为 3.23~9.23,柱体振动响应的雷诺数变化范围为 6 300~18 000。圆柱体在静水中的自振频率为 5.5 Hz。柱体结构的其他振动参数与单圆柱体模拟参数一致。

## 二、串联排列两圆柱体干涉效应效果分析

### (一)群柱涡激振动响应分析

　　根据上述计算方法,本节主要对双圆柱体在不同间距、不同流速下的涡激振动响应进行模拟。主要目的是从得到的振幅、升力与曳力系数入手,考察圆柱之间间距在不同速度下对其干扰效应的影响。

　　图 5-6 为不同柱间距下,两柱体横向振幅随流速的变化趋势。从图 5-6(a)中可以看出,不同柱间距下,上游柱体横向振幅随流速的变化趋势基本一致,且其振幅值也相差不大。当约化速度 $U_r=6.92$ 时,不同间距下的上游柱体均进入锁振状态;当 $U_r=7.84$ 时,其横向振幅均达到最大。另外比较图 5-6 和图4-7可以看出,上游柱体横向振幅随流速的变化趋势与单圆柱体情况非常相似,两者进入锁振区间及振幅达到最大时的约化速度基本一致。该现象与 Prasanth[95] 所得结果趋势基本一致。从图 5-6(b)中可以看出,下游柱体受干涉效应的影响较大。不同柱间距下,柱体振幅随流速变化趋势存在一定差别。当柱间距比大于 7 时,柱体振动幅值变化趋势较为一致。当 $U_r=9.23$ 时,各柱体振幅增幅较大。

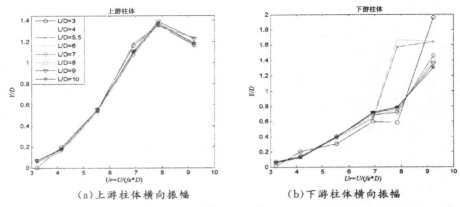

（a）上游柱体横向振幅　　　　　　　（b）下游柱体横向振幅

图 5-6　不同约化速度下上、下游柱体的横向振幅

图 5-7 中为不同柱间距下，两柱体振动横向振幅随流速的变化趋势对比图。串联两柱体振幅的变化趋势在干涉效应的影响下存在一定差别。当流速较小时，上下游两柱体振动幅值相差不大。随着流速的增加，上游柱体振幅逐渐大于下游柱体。而当 $U_r=9.23$ 时，各下游柱体振幅值均超过上游柱体，但两者间差值随柱间距的增大而逐渐减小。

各圆柱体最大横向振幅值与单圆柱体对比如表 5-1 所示。从表中可以看出由于串联排列干涉效应的影响，两柱体的最大振幅均大于单圆柱体。同时发现不同柱间距下的下游柱体横向最大振幅均超过上游柱体。这一现象趋势与 Prasanth[94]数值结果基本一致。

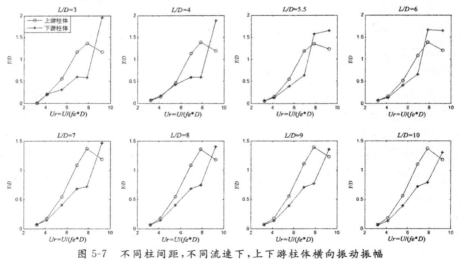

图 5-7　不同柱间距，不同流速下，上下游柱体横向振动振幅

表 5-1　不同间距各圆柱体最大横向振幅与单圆柱体横向振幅比较

| 圆柱体 | | 最大无量纲横向振幅 $y/D$ | | | | | | | |
|---|---|---|---|---|---|---|---|---|---|
| | | 1.277 2 | | | | | | | |
| | 柱间距 | 3 $D$ | 4 $D$ | 5.5 $D$ | 6 $D$ | 7 $D$ | 8 $D$ | 9 $D$ | 10 $D$ |
| 双圆柱体 | 上游柱体 | 1.359 9 | 1.386 4 | 1.350 9 | 1.387 3 | 1.371 7 | 1.356 1 | 1.393 1 | 1.370 5 |
| | 下游柱体 | 1.954 5 | 1.879 2 | 1.958 1 | 1.651 0 | 1.463 2 | 1.402 3 | 1.458 0 | 1.499 6 |

图 5-8 与图 5-9 分别为不同柱间距下，两柱体振动顺流向振幅随流速的变化趋势及其对比图。从两图中可以看出，与横向振动响应相比，两圆柱顺流向振动受干涉效应的影响更为明显。两柱体振幅随流速的变化趋势均与单圆柱体有所不同。各间距下两柱体顺流向振动幅值随流速的变化趋势基本一致，仅当 $U_r=9.23$ 时不同柱间距下的柱体顺流向振幅值有所差别（图 5-8）。

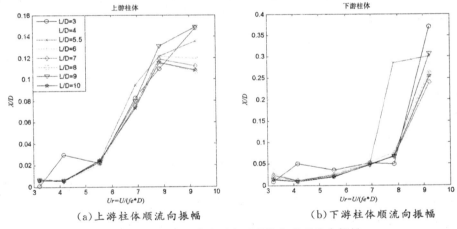

（a）上游柱体顺流向振幅　　　　　　　　（b）下游柱体顺流向振幅

图 5-8　不同约化速度下上下游柱体的顺流向振幅

由图 5-9 可以看出，当流速较小时下游柱体顺流向振幅大于上游柱体，这一现象随着柱间距的增加逐渐变得不明显。随着流速的增加，上游柱体振幅逐渐大于下游柱体。而在 $U_r=7.84\sim9.23$ 时段内下游柱体振幅迅速增加，并重新超过上游柱体，并且两柱体振幅间的差值也相对较大。

表 5-2 为不同柱间距下两柱体最大顺流向振幅与单圆柱体的比较。从表中看出，各柱间距下的上游柱体顺流向振幅均小于单圆柱体，而各下游柱体振幅普遍较大。两柱体振幅比较发现，下游柱体振幅相对较大。

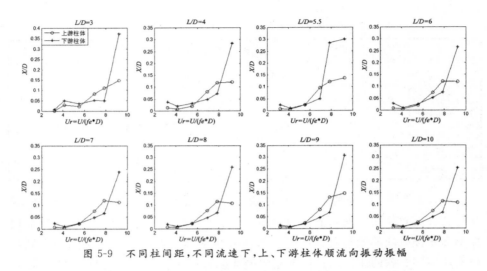

图 5-9 不同柱间距,不同流速下,上、下游柱体顺流向振动振幅

表 5-2 不同间距各圆柱体最大顺流向振幅与单圆柱体比较

| 圆柱体 | | 最大无量纲顺流向振幅 $x/D$ | | | | | | | |
|---|---|---|---|---|---|---|---|---|---|
| | | 0.221 6 | | | | | | | |
| | 柱间距 | 3 $D$ | 4 $D$ | 5.5 $D$ | 6 $D$ | 7 $D$ | 8 $D$ | 9 $D$ | 10 $D$ |
| 双圆柱体 | 上游柱体 | 0.147 8 | 0.121 3 | 0.135 6 | 0.119 3 | 0.112 4 | 0.107 3 | 0.148 6 | 0.115 6 |
| | 下游柱体 | 0.370 9 | 0.286 0 | 0.300 9 | 0.265 9 | 0.239 5 | 0.259 6 | 0.307 4 | 0.254 2 |

综上分析可以看出,双圆柱体串联排列时,下游柱体对上游柱体横向振动的影响主要表现在一定程度上加强了其振动幅值,但对其振幅随流速的变化趋势影响不大。而下游柱体振动受干涉效应影响相对较大,其横向振幅随流速的变化趋势与单圆柱体基本不同。各柱间距下两柱体顺流向振动的变化趋势相差不大,并且其与单圆柱体均有所不同。此外由柱体两向振动幅值随流速的变化趋势还可以看出,柱间距比越小下游柱体受干涉影响较大。

**(二) 柱体间距对流体作用力影响分析**

将模拟得到的柱体升力与曳力系数绘入图 5-10、图 5-11,可以看出与振幅变化基本相同的变化规律。就升力系数 $C_L$ 而言,除 $L/D=3$ 的情况外,其余各柱间距下上游柱体所受到的升力方向流体力变化趋势基本一致,仅在数值大小上存在微小差别。当约化速度达到 $U_r=7.84$ 时,各个上游柱体升力系数均达到各自最大值,并且随后开始减小。相对上游柱体而言,下游柱体升力系数则呈现出更多的变化形式。而当柱间距比大于 4 时,各柱体升力系数随流速变化趋势基本一致。此外可以看出,柱间距越小下游柱体升力系数受干涉效应影响越大。

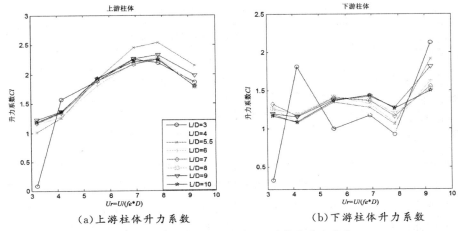

（a）上游柱体升力系数　　　　　　　（b）下游柱体升力系数

图 5-10　不同柱间距下,上、下游柱体升力系数

　　与升力系数相似,不同间距下各柱体曳力系数变化趋势基本一致,如图 5-11 所示。而当间距比为 3 时,两柱体的平均曳力系数趋势略有不同。当流速很小时,上下游柱体两向受力系数均很小,且当 $U_r = 3.23$ 时,其下游柱体所受横向力为负,即下游柱体受到与流向相反的作用力。当流速达到 $U_r = 7.84 \sim 9.23$ 范围时各间距下的下游柱体平均曳力系数发生不同程度的增长。

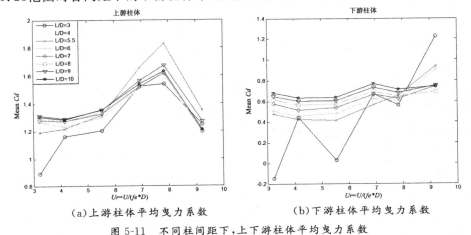

（a）上游柱体平均曳力系数　　　　　　（b）下游柱体平均曳力系数

图 5-11　不同柱间距下,上下游柱体平均曳力系数

　　表 5-3 中列出不同柱间距下,上下游柱体受到的最大平均曳力系数与单圆

柱体的比较。从表中可以看出,各柱体的平均曳力系数在干涉效应的影响下,均小于单圆柱体,同时下游柱体曳力系数普遍小于上游柱体。而下游柱体平均曳力系数值随柱间距比增大,呈现出先减后增的变化趋势。

表 5-3　不同间距下各柱体最大平均曳力系数与单圆柱体比较

| 圆柱体 | | 最大平均曳力系数 Mean $C_D$ | | | | | | | |
|---|---|---|---|---|---|---|---|---|---|
| | | 1.970 8 | | | | | | | |
| | 柱间距 | $3D$ | $4D$ | $5.5D$ | $6D$ | $7D$ | $8D$ | $9D$ | $10D$ |
| 双圆柱体 | 上游柱体 | 1.541 3 | 1.580 3 | 1.831 8 | 1.623 3 | 1.618 2 | 1.621 5 | 1.673 5 | 1.632 7 |
| | 下游柱体 | 1.223 6 | 1.152 3 | 0.937 9 | 0.910 4 | 0.742 6 | 0.693 1 | 0.753 1 | 0.768 1 |

**(三) 上下游柱体动力特性时程曲线分析**

图 5-12、图 5-13 和图 5-14 分别为约化速度 $U_r = 3.23, 5.53$ 与 7.84 时,上下游柱体间距 $L/D = 3, 7$ 和 10 时横向与顺流向受力系数与振幅的时程曲线。从这些图中可以分析得到外流速及柱间距对上下游柱体动力特性以及柱体受力系数时程的影响。

从图 5-12 中可以看出,当约化速度为 3.23 时受力系数及振幅的时程曲线均较为稳定。随着柱间距比的增加,上游柱体升力系数逐渐增加,但增量逐渐减少而下游柱体升力系数的增长较不明显。此外由图 5-12(b) 中看到,该流速下下游柱体平均曳力系数随柱间距的增加而增加。特别是当 $L/D = 3$ 时,下游柱体平均曳力系数为负。即在柱间距很小时下游柱体受到与上游柱体不同的反向顺流向流体力。并且在该流速下,柱间距的变化对上游柱体两向振幅的影响相对较小。

当 $U_r = 5.53$ 时两柱体均未进入各自锁振阶段(如图 5-13)。此时由于流速增加,升力系数增幅较大,而曳力系数幅值也同样有所增长。该流速下上游柱体升力与曳力系数幅值随柱间距的增加而减小。当 $L/D = 3$ 时,下游柱体曳力系数受上游柱体影响较大,并且与其他两柱体柱间距情况相比其曳力系数平均值相对偏低。当 $U_r = 7.84$ 时上游柱体横向振幅达到其最大值,此时其动力响应时程曲线呈稳定状态(图 5-14)。从图中可以看出在该流速下,柱间距的变化对上游柱体动力特性几乎没有影响。而对于下游柱体而言,随着柱间距的增加升力系数幅值与平均曳力系数值均有所增加。

由两柱体振动时程曲线图中可以看到,流速与柱间距对柱体动力响应时程曲线形态以及柱体振动幅值均存在不同程度影响。并且从图中观察到了较明显的"差拍"现象。柱间距与流速对"差拍"现象的影响将在下面进一步分析。

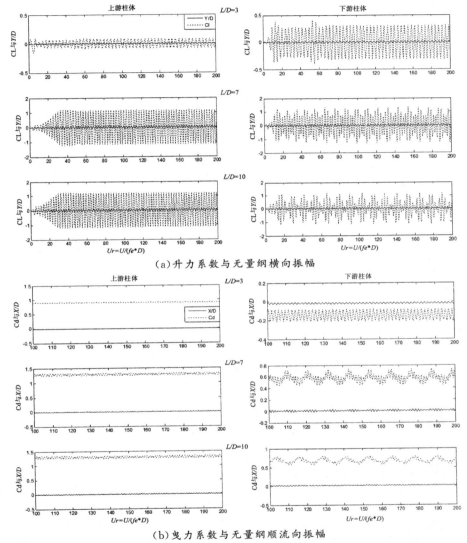

（a）升力系数与无量纲横向振幅

（b）曳力系数与无量纲顺流向振幅

图 5-12　$U_r = 3.23$ 时，上下游柱体动力特性时程曲线

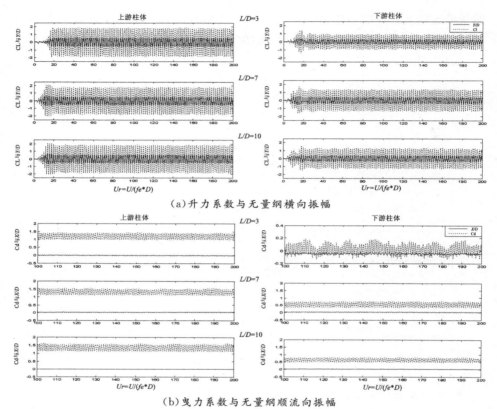

(a)升力系数与无量纲横向振幅

(b)曳力系数与无量纲顺流向振幅

图 5-13　$U_r$＝5.53 时,上下游柱体动力特性时程曲线

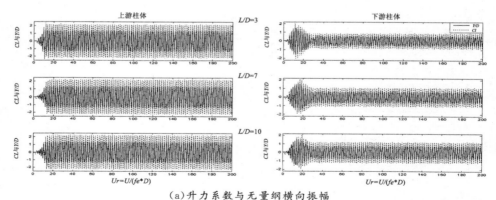

(a)升力系数与无量纲横向振幅

图 5-14　$U_r$＝7.84 时,上下游柱体动力特性时程曲线

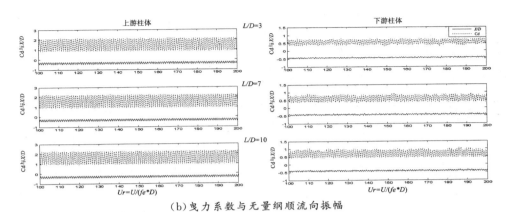

（b）曳力系数与无量纲顺流向振幅

图 5-15　$U_r=7.84$ 时，上下游柱体动力特性时程曲线

根据对两柱体涡激振动幅值时程曲线的分析可以看出，外流流速与柱间距均对串联排列两柱体，尤其是下游柱体的振动幅值的变化规律有着不同程度的影响。

图 5-16 与图 5-17 分别为柱间距比为 $L/D=3$ 与 $L/D=7$ 时，上下游柱体振幅时程曲线对比图。当 $L/D=3$ 时，流速对两柱体振幅时程曲线的影响较为明显。这一影响主要体现在振动响应时程曲线的形态以及两柱体位移间相位差上。当流速很小时，两柱体的涡激振动均不明显，上下游柱体两向振幅时程曲线均以稳定趋势存在且下游柱体两向振幅明显大于上游柱体。此时两向位移间均存在着约 $180°$ 相位差。

随着流速的增大，当 $U_r=4.15$ 时，两柱体的振动均受到柱体振动频率与漩涡脱落频率的影响，其两向振幅时程曲线出现了明显的"差拍"现象；且两柱体横向振幅基本相同，但上游柱体的顺流向振幅仍小于下游柱体。同时两柱体的横向振幅曲线基本重合，而顺流向位移间的相位差仍接近 $180°$。

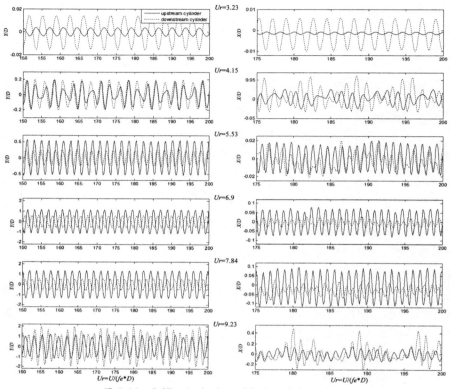

图 5-16 $L/D=3$ 时,上下游柱体两向振幅变化

当流速继续增加,上游柱体振动开始接近锁振状态,其两向振动幅值迅速增加并且开始超过下游柱体;且振幅时程曲线的"差拍"现象明显减弱。而在上游柱体影响下,下游柱体的振幅稍有增大,其振幅时程依然存在"差拍"现象。同时两柱体位移间开始出现新的相位差。

当上游柱体横向振幅达到最大时,其顺流向振幅时程也逐渐趋向较为稳定的状态。此时下游柱体振幅时程曲线的"差拍"现象仍较为明显,且其振动幅值也随流速的增加稍有增长。而两柱体位移相位角的差值再次接近 $180°$。

随着流速进一步增加,上游柱体横向振幅有所减小,其振幅时程曲线开始出先较轻微的不规则变化。此时下游柱体横向振幅有较大幅度增长,柱体振动逐渐达到其锁振状态。而此时下游柱体振动响应时程曲线的"差拍"现象依然较为明显。

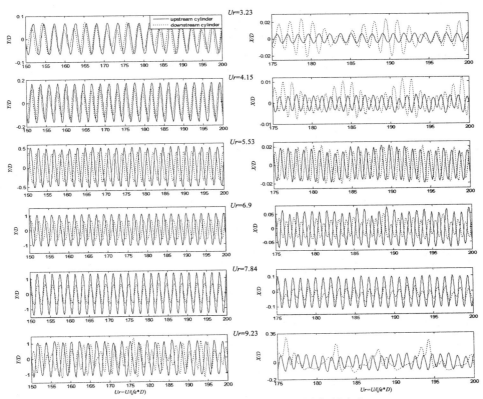

图 5-17　$L/D=7$ 时，上下游柱体两向振幅变化

　　当柱间距比为 $L/D=7$ 时流速对柱体振动响应时程曲线的影响与 $L/D=3$ 的现象基本一致(图 5-17)。不同的是，当 $U_r=3.23$ 时，下游柱体横向振幅与上游柱体基本相同，且各柱体时程曲线基本没有出现明显"差拍"现象。而两柱体位移间的相位差的变化规律与 $L/D=3$ 时不完全相同。

　　综上分析可以看出，流速对两柱体振动响应曲线形态、振动幅值相互关系以及位移间相位差，均存在不同程度的影响。

　　图 5-18 为 $U_r=3.23$ 与 $U_r=7.84$ 流速下，柱间距比对两柱体振动幅值时程曲线的影响。从图 5-18 中可以看出，当 $U_r=3.23$ 且柱间距很小时，两柱体位移间存在明显相位差其差值约为 $180°$，同时下游柱体两向振幅均大于上游柱体。

　　当 $L/D=4$ 时，上游柱体横向振幅迅速增长，并与下游柱体横向振动幅值基本一致。此时两柱体横向位移间的相位差相对小，而顺流向振动位移相位差趋近于零。当 $L/D=5$ 时，上下游柱体横向与顺流向振动位移间的相位差均接

近于 180°。随着柱间距继续增加,两柱体横向位移间的相位差逐渐减小。当
$L/D=8$ 时,上下游柱体横向振幅时程曲线基本重合。

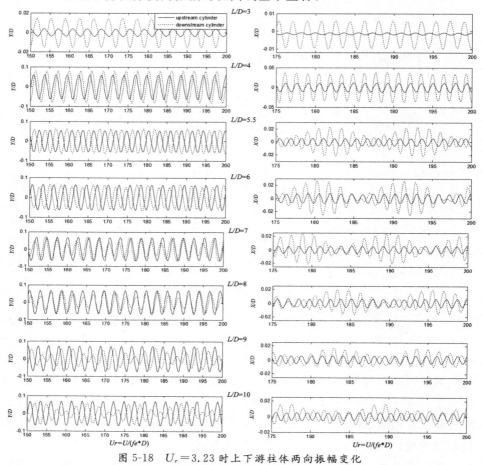

图 5-18  $U_r=3.23$ 时上下游柱体两向振幅变化

当串联上游柱体横向振幅达到其最大值时($U_r=7.84$),两柱体振幅间的关
系与低流速情况稍有不同(图 5-19)。此时上游柱体两向振幅均大于下游柱体,
同时下游柱体振动幅值时程曲线也呈现出较为明显的"差拍"现象,而这一现象
在相应柱体质心运动轨迹中表现更为明显。而两柱体位移间相位差随柱间距
的变化规律与低流速情况基本一致。

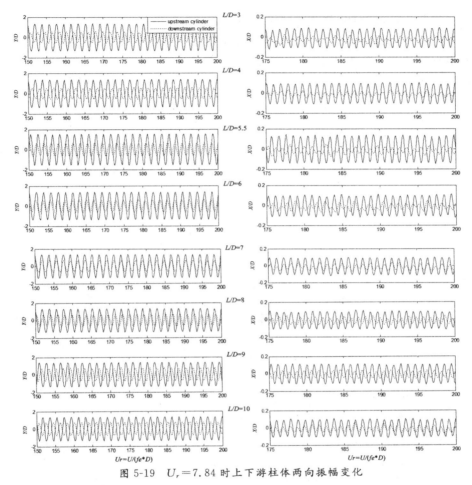

图 5-19 $U_r = 7.84$ 时上下游柱体两向振幅变化

### (四) 两柱体质心运动轨迹

与单圆柱体相同,由于顺流向振动频率为横向振动频率的 2 倍,故两柱体的质心运动轨迹呈现类"8"字形状。但由于串联两柱体的干扰效应,使得两柱体质心运动轨迹均较单圆柱体发生了很大的变化。主要体现在,两柱体位移相位的变化以及"差拍"现象所导致的运动轨迹不规则等。同时不同柱间距与外流速均对串联排列两柱体柱体质心运动轨迹存在不同程度的影响。

图 5-20 与图 5-21 分析了柱间距为 $L/D = 3$ 和 7 时,流速对质心运动轨迹的影响。当 $L/D = 3$ 时,较小流速下($U_r = 3.23, 4.15$),顺流向运动对柱体整体运动影响较大,使得质心运动轨迹呈现半月形;且由于上下游柱体间存在近似 180° 的位移相位差,使得两者质心运动轨迹呈相反方向。

　　随着流速的增加,两柱体位移之间的相位角逐渐趋向一致,质心运动轨迹呈现同向"8"字形态。这一特征,进一步证明了上下游柱体位移时程曲线对比所得出的结论。此外,从图中还可以看出,上游柱体的"8"字形轨迹较为清晰,而下游柱体在"差拍"现象影响下,只在特定流速下呈现较为清晰的运动轨迹。

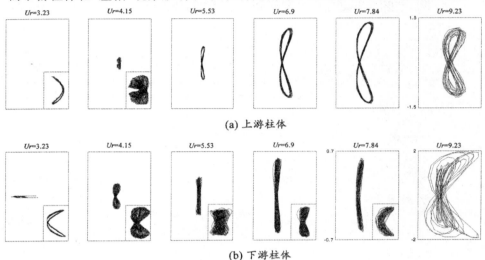

(a) 上游柱体

(b) 下游柱体

图 5-20　$L/D=3$ 时,上下游柱体质心运动轨迹

　　在柱间距为 $L/D=7$ 时(图 5-21),两柱体柱体质心运动轨迹存在与低柱间距较为相似的规律。当 $U_r=3.23$ 时,在"差拍"现象的影响下,下游柱体质心运动轨迹始终未出现清晰地"8"字形态。而当上游柱体进入锁振阶段时,下游柱体顺流向运动受其影响,使得下游柱体质心运动轨迹趋于不规则状态。当上游柱体开始离开锁振状态时,下游柱体横向振动受到的影响增大。同时由上下游柱体位移相位分析看出,此时上下游柱体位移间的相位角不断发生变化。

　　因此在该流速下,下游柱体呈现出多种不同的运动形式,"8"字形态呈现出多个方向,这些特点都使得下游柱体的质心运动轨迹看上去更加复杂。此外从图中还可以看出,在该柱间距条件下,由于上游柱体对下游柱体振动的影响,其质心运动轨迹均未出现清晰"8"字形态。

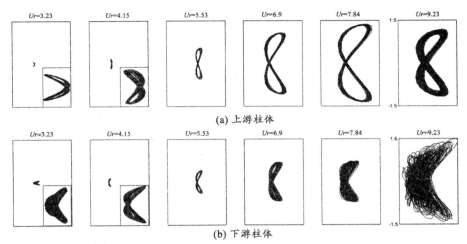

(a) 上游柱体

(b) 下游柱体

图 5-21　$L/D=7$ 时,上下游柱体质心运动轨迹

图 5-22 与图 5-23 分别为 $U_r=3.23$ 与 7.84 时,不同柱间距对两柱体质心运动轨迹的影响。从图中看出,柱间距的变化对上游柱体运动影响不大。$U_r=3.23$ 时,上游柱体呈现类"8"字形轨迹。柱间距仅在其振动幅值上有所影响。而当 $U_r=7.84$ 时,上游柱体质心运动轨迹形态及振动幅值在不同柱间距下,几乎没有差别。

而下游柱体质心运动轨迹受柱间距影响相对较大。约化速度为 $U_r=3.23$ 时,除间距比为 3 和 4 的情况外,各间距下下游柱体质心运动轨迹均表现出不规则形态。当 $L/D=3$ 时,下游柱体受顺流向振动影响明显,故其运动轨迹形状呈半月形。而当 $L/D=4$ 时,柱体呈现稳定的振动形态,故其质心轨迹表现出清晰的"8"字形态。

随着柱间距不断增加,下游柱体振幅时程曲线的"差拍"现象逐渐强烈,这使得下游柱体质心运动轨迹开始呈现不规则形态。当 $L/D=10$ 时,下游柱体质心运动轨迹几乎看不到"8"字形态。而当流速增大至 $U_r=7.84$ 时,各间距下游柱体质心运动轨迹虽不规则,但除 $L/D=3$ 情况外,均能识别出"8"字形轨迹。当 $L/D=3$ 时,在"差拍"现象影响下,下游柱体质心运动轨迹呈半月形,无明显"8"字形态。随着柱间距的增加,各下游柱体运动时程曲线趋于稳定,其运动轨迹也逐渐呈现出较清晰地"8"字形态。从图中还可以看出,上下游柱体质心运动轨迹方向不随柱间距的改变发生变化。也即流速的改变,对串联排列上下游柱体位移相位差的变化有较为直接的影响。

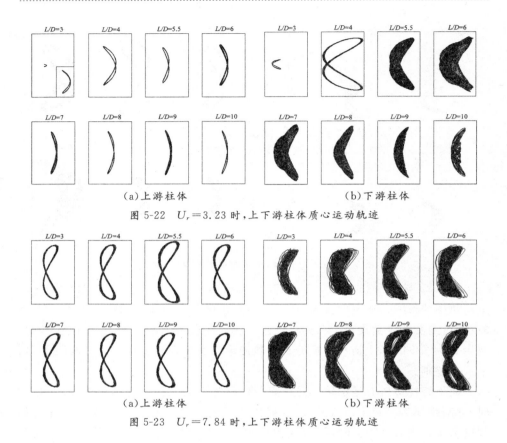

（a）上游柱体　　　　　　　　　（b）下游柱体

图 5-22　$U_r = 3.23$ 时，上下游柱体质心运动轨迹

（a）上游柱体　　　　　　　　　（b）下游柱体

图 5-23　$U_r = 7.84$ 时，上下游柱体质心运动轨迹

# 第四节　并列柱体涡激振动干扰效应数值计算

在实际工程中，并列排列柱体作为常见的一种排列形式同样被广泛应用。但目前，国内外学者对并列排列柱群的实验与数值研究还相对较少。故本节针对并列排列双圆柱体，主要研究不同柱间距与外流速对上下侧两柱体动力响应的影响。通过数值模拟，得到上下侧两柱体升力与曳力系数以及横向与顺流向振动幅值，用以考察并列两柱体的干扰效应。

## 一、计算模型及初始条件设置

并列排列两柱体涡激振动数值模拟整体计算区域尺寸、边界条件以及柱体排列方式如图 5-24 所示。综合考虑网格质量、计算效率与精度，整体流体计算

区域尺寸确定为 $26D \times 50D \sim 30D \times 50D$（$D$ 为圆柱直径），其中尾流区域均为 $34D$。图中 G 为并列两圆柱中心之间的距离，在数值模拟中是以间距比的形式表示，定义为 $G/D$。由于圆柱体横向振幅往往为其顺流向振幅的 10 倍，因此在柱间距的选择中为防止柱体发生碰撞，最终选择 $G/D = 5$ 为并列排列两柱体的最小柱间距比，而数值模拟中柱间距范围为 $G/D = 5 \sim 10$。

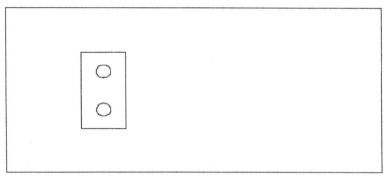

图 5-24　并列排列两柱体涡激振动数值模拟模型示意图

并列两圆柱数值模拟网格模型如图 5-25 所示。与串联柱体类似，该模拟中的计算区域仍被分为三部分。动网格区域范围扩大至 $12D \times 6D \sim 16D \times 6D$，同时对其进行局部加密。紧邻柱体区域仍设为边界层，且与柱体边界进行同步运动。数值模拟中边界设置，求解方法以及结构参数均与串联柱体参数设置一致。外流约化速度的变化范围为 $3.23 \sim 9.23$，柱体振动响应的雷诺数变化范围为 6 300 $\sim$ 18 000。

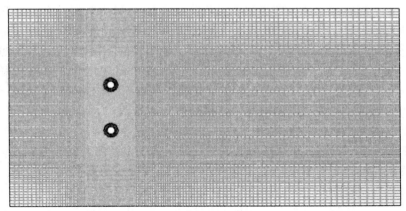

图 5-25　并列两圆柱数值模拟网格模型

## 二、排列形式及间距对流体力影响效应

将不同柱间距、不同流速下,上下侧柱体的升力系数与平均曳力系数值绘入图 5-26 与图 5-27。

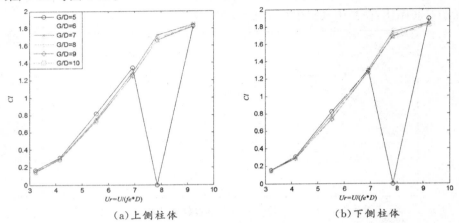

图 5-26　不同柱间距、不同流速下,上下侧柱体的升力系数

从图中看到,各间距下上下侧柱体受力系数随流速变化趋势一致,仅在数值上存在微小差别。值得注意的是,当柱间距比为 $G/D=5$ 的情况下,上下侧柱体达到锁振状态时,由于振幅过大使得两柱体边界层发生碰撞,导致网格破裂使得计算不能进行。此外从图 5-26 中可以看出,并列排列两柱体升力系数有着与单圆柱体和串联柱体不同的变化趋势。当 $U_r=7.84$ 时,各间距下上下侧柱体均未达到其最大值。即当柱体离开锁振状态时,升力系数并无明显下降。

从整体上看,不同柱间距下上下侧柱体升力系数均随着流速的增加而增加。当流速为 $U_r=5.53$ 时,上下侧柱体由于柱间距的不同,其升力系数也在数值上存在一定差别。当柱间距比 $G/D \geqslant 7$ 时,各上侧柱体升力系数值基本一致,且小于柱间距比为 $G/D=3$ 和 4 的情况。同样,下侧柱体在该流速下存在较为相同的特点。而当下侧柱体升力系数达到其峰值时,不同柱间距下柱体的升力系数间存在微小的差别。

从图 5-27 中看出,并列排列上下侧柱体平均曳力系数表现出与升力系数相似的特点。各间距下两柱体的平均曳力系数随流速变化趋势较为一致。随着流速的增加,各柱间距下两柱体的平均曳力系数逐渐增加。当 $U_r=7.84$ 时,各柱体平均曳力系数均达到其最大值。当 $U_r=5.53$ 时,各间距柱体平均曳力系数出现了微小差别。同时还可以发现,$G/D=5$ 的情况下,当约化速度达到 $U_r=5.53$ 后,其平均曳力系数值均大于其他柱间距下各圆柱体。这也说明柱间

距比越小,并列排列两柱体受干涉效应影响越大。图 5-28 中表示了典型柱间距下上下侧柱体平均曳力系数与升力系数的对比。从图中可以看出,上下侧两柱体在不同流速以及不同柱间距下均无较大差别。上下侧柱体的受力系数变化规律完全一致,仅在个别条件下在数值上有着非常小的差别。

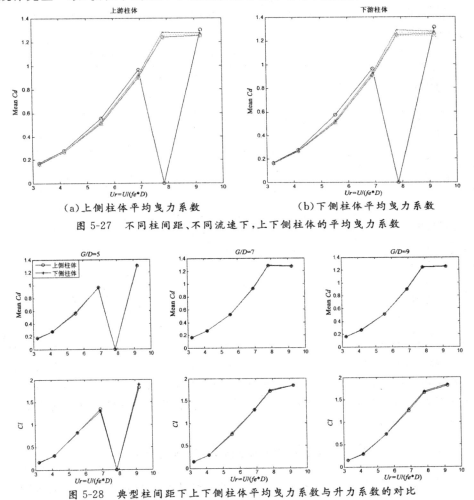

（a）上侧柱体平均曳力系数　　　　　（b）下侧柱体平均曳力系数

图 5-27　不同柱间距、不同流速下,上下侧柱体的平均曳力系数

图 5-28　典型柱间距下上下侧柱体平均曳力系数与升力系数的对比

表 5-4 列出不同柱间距下,上下侧柱体受到的最大升力系数与平均曳力系数与单圆柱体比较值。从表中可以很容易看出由于并列柱体的干扰效应,各间距下上下侧柱体升力系数与平均曳力系数值均远小于单元柱体。同时从表中具体数值中更易看出,上侧柱体升力系数最大值出现在柱间距比 $G/D=9$ 时,且其随柱间距变化基本无规律可循。而下侧柱体的最大升力系数值则出现在

$G/D=5$ 时。尽管如此,各圆柱的升力系数间差值非常小,几乎可以忽略。对于平均曳力系数来说,上下侧柱体的最大值均出现在 $G/D=6$ 时。并且各柱间距下的下侧柱体平均曳力系数差值相对较大。此外,从表中还可以看出,除 $G/D=6$ 和 10 的情况外,其余间距下各下侧柱体升力系数均大于上侧柱体。而各间距下的下侧柱体平均曳力系数也都大于上侧柱体。同样的,这些微小的差别均可忽略。

表 5-4　不同间距下并列排列各柱体最大受力系数与单圆柱体比较

| 圆柱体 | | 最大升力系数 $C_L$ | | | | | |
|---|---|---|---|---|---|---|---|
| | | 1.519 7 | | | | | |
| 双圆柱体 | 柱间距 | $5D$ | $6D$ | $7D$ | $8D$ | $9D$ | $10D$ |
| | 上侧柱体 | 1.221 9 | 1.258 0 | 1.254 2 | 1.251 4 | 1.240 5 | 1.250 9 |
| | 下侧柱体 | 1.275 2 | 1.248 4 | 1.265 0 | 1.255 3 | 1.270 8 | 1.246 8 |
| 圆柱体 | | 最大平均曳力系数 Mean $C_D$ | | | | | |
| | | 1.970 8 | | | | | |
| 双圆柱体 | 柱间距 | $5D$ | $6D$ | $7D$ | $8D$ | $9D$ | $10D$ |
| | 上侧柱体 | 1.299 3 | 1.305 5 | 1.281 2 | 1.261 7 | 1.253 2 | 1.248 1 |
| | 下侧柱体 | 1.313 2 | 1.315 5 | 1.290 9 | 1.269 5 | 1.257 4 | 1.243 4 |

总体来说,与串联两柱体的受力系数变化相比,并列柱体受力系数受柱间距的影响很小。各柱间距下,上下两侧柱体的受力系数变化完全一致。仅由于并列干涉效应的影响,使得各柱体受力系数普遍小于单圆柱体。而柱体与柱体之间,并无太大差别。

## 三、排列形式及间距对振动幅值影响效应

图 5-29 与图 5-30 分别描述了并列排列两柱体横向与顺流向无量纲振动幅值。从图 5-29 中看出,不同柱间距下各上下侧两柱体横向振动振幅变化趋势与单圆柱体非常相似。当 $U_r=7.84$ 时,上下侧柱体横向振幅均达到其最大值。而当 $U_r=5.53$ 时,不同柱间距下的各上下侧柱体横向振幅均出现较明显的差别。柱间距为 $G/D=3$ 时的横向振幅明显大于其他各间距下两柱体横向振幅值。而随着柱间距的增加,该流速下各柱体横向振幅值略有减少。

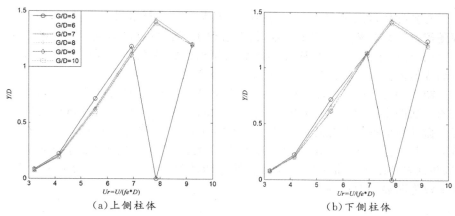

图 5-29　并列排列两柱体横向无量纲振动幅值

与之略有不同,并列排列两柱体的顺流向振动存在着一定程度的差别(图 5-30)。从图中看出,两柱体顺流向振幅变化趋势与大间距串联柱体变化趋势基本相同。并且上下侧两柱体顺流向振动幅值相对其横向振幅,从图中可以看到较明显的差别。当柱间距比为 $G/D=5$ 时,两柱体顺流向振幅明显大于其他各间距情况。当约化速度范围在 $U_r=4.15\sim7.84$ 时,两柱体顺流向振动幅值随柱间距的增加而相应减小。并且不同间距间柱体振幅的差值也在不断减小。当顺流向振幅值达到其峰值时,除 $G/D=5$ 的情况外,其余各柱间距下两柱体振幅差值也达到最大。值得注意的是,与受力系数变化规律相同,上下侧两柱体的两向振动幅值变化趋势几乎完全一致。随着流速的增加,振动幅值也相应增加。

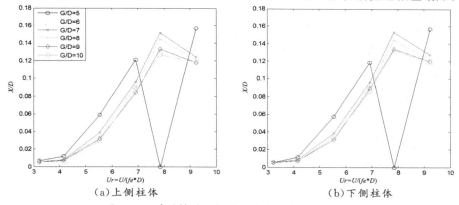

图 5-30　并列排列两柱体顺流向无量纲振动幅值

当 $U_r=6.9$ 时,两柱体均进入锁振阶段,振幅明显增加。而当 $U_r=7.84$ 时,各柱间距下上下侧柱体两向振动幅值均达到其最大值,随后振幅明显减少。此时各柱间距下两柱体顺流向振幅最大值随柱间距的增加有所减少。

综上分析可以看出,并列排列柱体的干扰效应主要体现在各柱体振动幅值上。对各柱体振动幅值的变化趋势影响不大。并且与串联柱体不同,两柱体振幅随流速变化趋势几乎完全一致,仅在数值上存在微小的差别。但从图中仍可以看出,柱间距越小,其相应柱体的振动幅值反而越大。不同柱间距对柱体的振动幅值依然存在一定影响,而对于其变化趋势影响不明显。

图 5-31 和图 5-32 为不同间距下,上下侧两柱体横向与顺流向振幅对比关系图。从图中可以看出,与受力系数特点相同,各柱间距下两柱体的横向与顺流向振动幅值的变化趋势相一致。而不同柱间距下,各柱体的振动幅值在其数值上的差别并不明显。这一特点说明了,并列排列两柱体同时受干扰效应的影响,并且表现出了非常一致的动力特性。即并列排列两柱体间的干扰效应,呈现出较为明显的对称性。

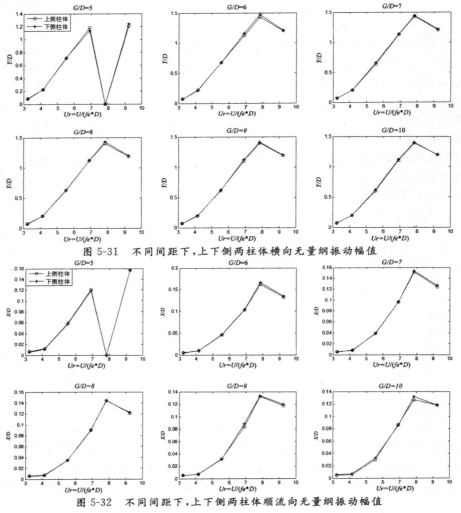

图 5-31 不同间距下,上下侧两柱体横向无量纲振动幅值

图 5-32 不同间距下,上下侧两柱体顺流向无量纲振动幅值

表 5-5 为不同间距下各柱体最大无量纲振幅与单圆柱体比较。由于 $G/D$ ＝5 时，两柱体在运动过程中发生碰撞，两者的振幅最大值均发生在 $U_r$＝9.23 时。因此 $G/D$＝5 的情况与其他柱间距无可比性。从表中可以看到，由于并列排列的干扰效应，各柱间距下的两柱体最大横向位移均大于单圆柱体与串联上游柱体振幅的平均值。并列排列两柱体振幅数值相差不大，且存在随间距比增加而减小的趋势。

表 5-5 不同间距下各柱体最大受力系数与单圆柱体比较

| 最大无量纲横向振 $y/D$ 幅 | | | | | | |
|---|---|---|---|---|---|---|
| 单圆柱体 | 1.277 2 | | | | | |
| 串联上游柱体振幅平均值 | 1.372 0 | | | | | |
| 双圆柱体 | 柱间距 | $5D$ | $6D$ | $7D$ | $8D$ | $9D$ | $10D$ |
| | 上侧柱体 | 1.205 8 | 1.429 9 | 1.430 2 | 1.397 2 | 1.398 4 | 1.389 4 |
| | 下侧柱体 | 1.241 9 | 1.472 0 | 1.437 9 | 1.430 4 | 1.412 7 | 1.405 0 |
| 最大无量纲顺流向振幅 $x/D$ | | | | | | |
| 单圆柱体 | 0.221 6 | | | | | |
| 串联上游柱体振幅平均值 | 0.126 0 | | | | | |
| 双圆柱体 | 柱间距 | $5D$ | $6D$ | $7D$ | $8D$ | $9D$ | $10D$ |
| | 上侧柱体 | 0.156 6 | 0.162 2 | 0.151 7 | 0.144 6 | 0.132 8 | 0.126 8 |
| | 下侧柱体 | 0.156 8 | 0.166 8 | 0.153 4 | 0.144 2 | 0.133 7 | 0.132 1 |

两柱体顺流向振幅均较单圆柱体偏小，同时大于串联排列形式上游柱体的顺流向振幅平均值。各柱间距下的上下侧柱体，其顺流向振动同样存在随柱间距增加而减小的趋势，这一趋势与上侧柱体较为一致。

## 四、排列形式及间距对上下侧柱体动力特性时程曲线影响

图 5-33、图 5-34 和图 5-35 分别为不同流速、不同柱体中心间距下，两柱体受力系数与振幅时程曲线图。从图中可以得到流速与柱间距对受力系数时程曲线变化规律的影响。从图中可以看到，各柱间距下的两柱体动力特性时程曲线均较为稳定。并且各柱体平均曳力系数以及升力系数幅值均较为一致。此

外从图 5-34 与 5-35 中看出，两柱体的升力系数与曳力系数幅值较前一流速均有所增加。各流速、各柱间距下两柱体受力时程曲线基本保持稳定形态。

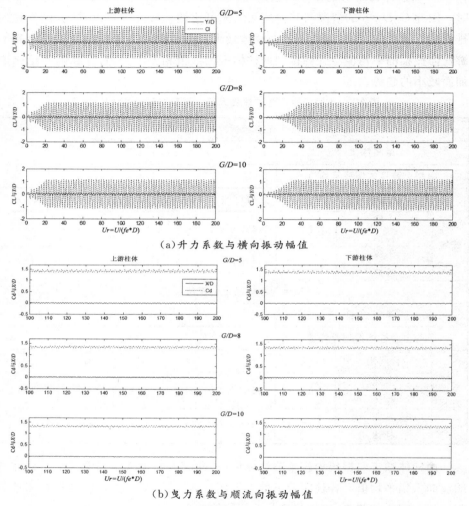

（a）升力系数与横向振动幅值

（b）曳力系数与顺流向振动幅值

图 5-33　$U_r = 3.23$ 时，不同柱间距下上下侧柱体受力系数与振幅时程曲线图

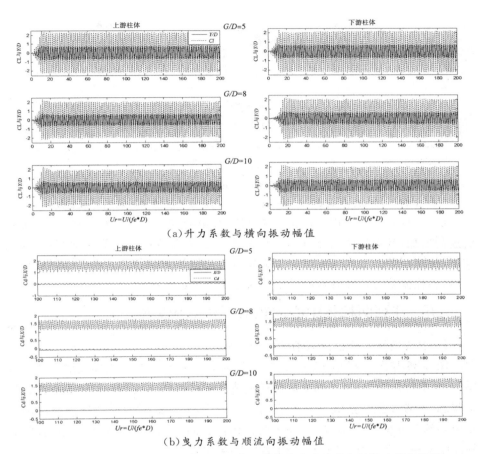

（a）升力系数与横向振动幅值

（b）曳力系数与顺流向振动幅值

图 5-34 $U_r = 5.53$ 时，不同柱间距下上下侧柱体受力系数与振幅时程曲线图

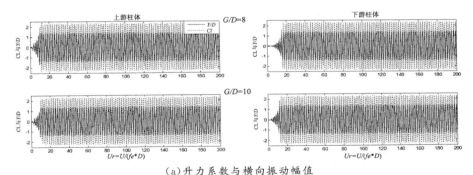

（a）升力系数与横向振动幅值

图 5-35 $U_r = 7.84$ 时，不同柱间距下上下侧柱体受力系数与振幅时程曲线图

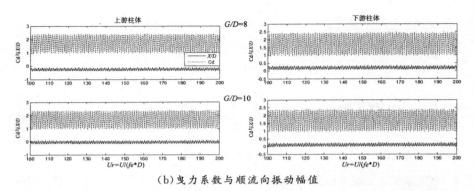

（b）曳力系数与顺流向振动幅值

图 5-35　$U_r = 7.84$ 时，不同柱间距下上下侧柱体受力系数与振幅时程曲线图

　　综上分析看出在相同流速下，柱间距对振动幅值的影响相对较小，且随着流速的增加，其对于两柱体动力响应的影响也逐渐减弱。主要体现在，相同流速下，柱间距的改变对两柱体受力系数与两向振幅影响相对较小。同时还可以看出，各柱体动力特性时程曲线始终保持较为稳定的状态。

## 五、并列两柱体中心间距对干扰效应影响

### （一）柱间距对两柱体振动的影响分析

　　图 5-36 与图 5-37 为 $U_r = 4.15$ 和 $7.84$ 时两柱体振幅时程曲线对比图。从图 5-36 中可以看出，当 $G/D = 5$ 时该流速下两柱体横向振动保持较为稳定的运动状态，两者在振动幅值上的差值也相对较小，并且此时两柱体横向位移间的相位差约为 $180°$。当 $G/D = 7$ 时，两柱体位移间的相位差值相对减小，且随着柱间距的进一步增加，该相位差值基本保持不变。

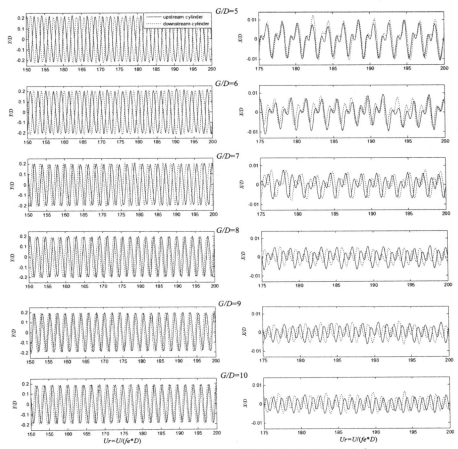

图 5-36　$U_r=4.15$ 时，上下侧柱体两向振幅时程曲线

相对于柱体横向振幅变化，柱间距对于并排列两柱体顺流向振动时程曲线的影响较为明显。在并列排列干涉效应的影响下，两柱体顺流向振幅时程曲线呈现出不规则的变化趋势。当柱间距较小时两柱体间干扰效应相对较大，此时柱体顺流向振幅的不规则变化相对明显。随着柱间距增加，两柱体位移间的相位差开始加大，而振幅的不规则变化形态趋于缓和。当柱间距达到 $G/D=8$ 时，两柱体位移曲线逐渐趋于平稳状态。此外两柱体顺流向振动位移间相位差，随柱间距的增加呈现逐渐增大的趋势。

当并列排列进入其锁振状态时，两柱体振幅时程曲线形态随柱间距的变化规律与图 5-36 分析基本一致。而柱体位移间的相位差的变化规律稍有不同。当柱间为 $G/D=6$ 时，柱体横向位移间呈现出 $180°$ 相位差，而当柱间距增加至 $G/D=7$ 时该相位差迅速减少。当柱间距为 $G/D=8$ 时该相位差再次增大至约

180°。随着柱体间距继续增加,该相位差值再次减小。柱体的顺流向位移间相位差则随着柱间距的增加,呈现先增加后减少然后再次增加的趋势,最终保持在约 180°。

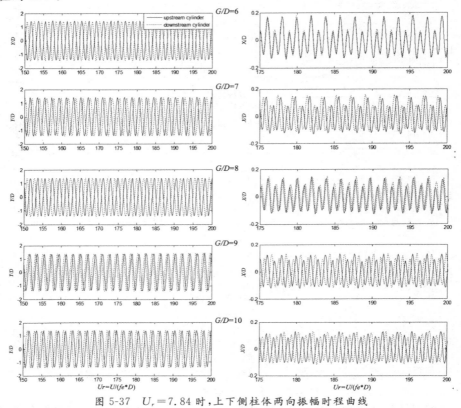

图 5-37　$U_r = 7.84$ 时,上下侧柱体两向振幅时程曲线

综上分析可以看出,柱间距对于柱体振动的影响主要体现在柱体位移间相位差,以及柱体振幅变化形态上,而对于柱体振动幅值的影响相对较小。同时还可以发现,柱间距对上下侧柱体振动的影响呈对称性,即两柱体振动幅值的变化形态基本一致,且在幅值上也相差不大。

### (二) 不同柱间距下,两柱体质心运动轨迹分析

从对两柱体振动时程曲线的分析中可以看出,上下侧柱体位移间多存在大于 90°的相位差。而这一现象在柱体质心运动轨迹上体现得更为明显。图 5-38、图 5-39 与图 5-40 分别为流速为 $U_r = 4.15, 5.53$ 和 $7.84$ 时,不同柱间距下两柱体的质心运动轨迹。从图 5-38 中看出,在流速很小时柱体横向振动位移与顺流向位移间存在较明显的相位差,使得上下侧两柱体的质心运动轨迹整体

呈内包的"八"字形态,对称性较为明显。随着柱间距的增加,当两柱体横向与顺流向位移间的相位差逐渐减小。同时由于该流速下柱体顺流向振动的不规则性,使得其质心运动轨迹未呈现出清晰地"8"字形态。

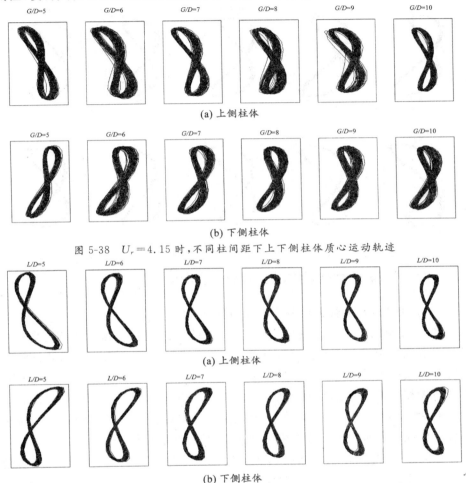

图 5-38 $U_r = 4.15$ 时,不同柱间距下上下侧柱体质心运动轨迹

图 5-39 $U_r = 5.53$ 时,不同柱间距下上下侧柱体质心运动轨迹

当流速接近锁振状态时($U_r = 5.53$),柱体顺流向振动时程趋于平稳状态,柱体质心运动轨迹的"8"字形态较为清晰。但与 $U_r = 4.15$ 时不同,该流速下两向位移间相位差值大小发生了一定改变,使得柱体的振动轨迹形态呈现出外撇"八"字形。此外该流速下并列排列下的上下侧柱体的质心运动轨迹,均呈现出了对称的清晰"8"字形轨迹。同时两柱体间位移相位差随柱间距的增加也相应减小,上下侧柱体的质心运动轨迹已接近标准"8"字形态。

综上所述,并列排列柱体柱间距对柱体振动形态的影响大于其对振动幅值的影响。该影响主要体现在柱体横向与顺流向振动位移间相位差的变化。随着柱间距的增加,上下侧两柱体质心运动轨迹均向着标准"8"字形态过渡。

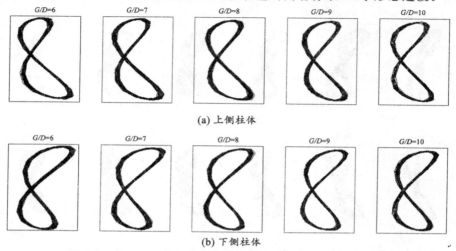

(a) 上侧柱体

(b) 下侧柱体

图 5-40　$U_r=7.84$ 时,不同柱间距下上下侧柱体质心运动轨迹

## 六、外流速对两柱体动力特性的影响

### (一)流速对两柱体振动幅值时程的影响分析

图 5-41 与图 5-42 分别为 $G/D=6$ 和 10 间距下,不同流速对两柱体横向与顺流向振幅的影响。从图 5-41 中看出,当 $G/D=6$ 时各流速下两柱体横向振动时程均呈现稳定变化的状态。当流速为 $U_r=3.23$ 时,上下侧柱体横向振动间存在较大相位差,并且随着流速增加两柱体间相位差达到 180°。当流速达到 $U_r=7.84$ 时,该相对差值开始减小,直至两曲线基本重合。同时还可以看出,两柱体横向振幅时程曲线形态基本相同,且在数值上相差不大。

该间距下,两柱体顺流向振动在不同流速下则呈现出较为不同的振动趋势。当流速达到 $U_r=4.15$ 时,两柱体顺流向振动曲线出现不规则的变化形态。并且这一形态随流速的增加逐渐趋于平稳。同时从图中可以看出,该间距下流速对两柱体位移间相位差的影响相对较小。

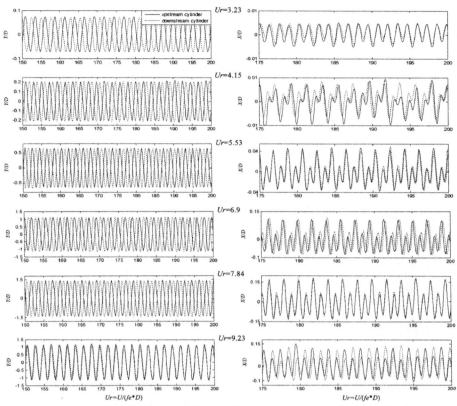

图 5-41　$G/D=6$ 时，不同流速下上下侧柱体横向与顺流向振幅

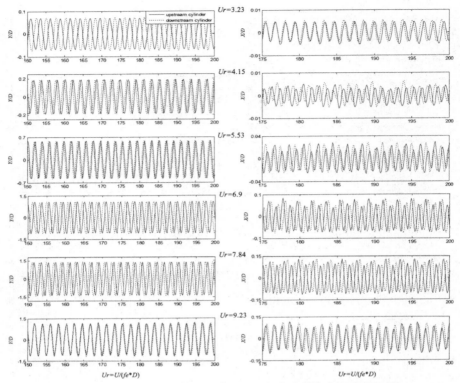

图 5-42 $G/D=10$ 时，不同流速下上下侧柱体横向与顺流向振幅

当柱间距为 $G/D=10$ 时，两柱体振幅时程曲线形态受流速的影响主要体现在其顺流向振动上（图 5-42）。两柱体的顺流向振动仍出现不规则的变化形态，但其不规则程度小于 $G/D=6$ 的情况。同时发现在该间距下两柱体间存在较明显的相位差。在流速为 $U_r=4.15\sim7.84$ 时，两柱体顺流向位移间存在着较大相位差。

综上可以看出，各流速两柱体的振动幅值时程曲线变化规律基本一致。同时两柱体位移间的相位差受柱间距的影响存在一定程度的变化。这一变化会在柱体质心运动轨迹中进一步分析。

**（二）并列两柱体柱体质心运动轨迹分析**

图 5-43 与图 5-44 分别为 $G/D=6$ 与 10 柱间距下，两柱体的质心运动轨迹。从图 5-43 中可以看到，在各流速下两柱体间均存在较大相位差。两柱体质心运动轨迹沿两柱体连线中心对称，其形状呈"八"字形。这一特征也从另一方面证实了对其振幅时程曲线的分析。当流速较小时，顺流向运动影响明显，两柱体运动轨迹均呈半月形。同时由于"差拍"现象的影响，其运动轨迹并不清晰。

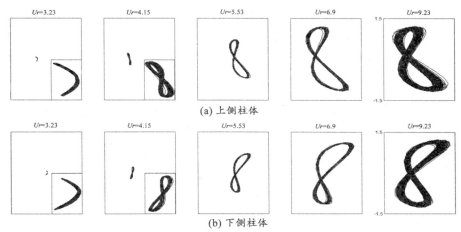

(a) 上侧柱体

(b) 下侧柱体

图 5-43　$G/D=6$ 时,不同流速下上下侧柱体质心运动轨迹

当流速达到 $U_r=4.15$ 时,两柱体质心运动轨迹"8"字形态出现。但由于"差拍"现象依然存在,其运动轨迹仍较不清晰。随着流速继续增加,"差拍"现象明显减弱,两柱体质心运动轨迹逐渐清晰。同时由于两柱体顺流向与横向振动之间的相位差有所减少,其质心轨迹逐渐向标准"8"字形过渡。当 $U_r=9.23$ 时,由于两柱体均开始离开其锁振状态,"差拍"现象再次出现,其运动轨迹再次呈现不清晰的标准的"8"字形态。

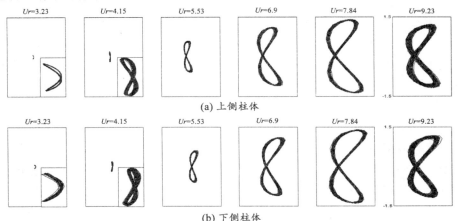

(a) 上侧柱体

(b) 下侧柱体

图 5-44　$G/D=10$ 时,不同流速下上下侧柱体质心运动轨迹

当体间距为 $G/D=10$ 时,两柱体位移间的相位差相对减小(图 5-44)。当流速为 $U_r=3.23$ 时,两柱体柱体受顺流向振动影响明显,柱体质心运动轨迹呈现出明显半月形态。随着流速的增加,该间距下两柱体质心运动轨迹变化趋势与低间距比时基本一致。从图中还可以看出,两柱体质心运动轨迹多呈现出清

晰"8"字形态。此外还发现,两柱体质心运动轨迹间的夹角没有发生改变。即流速的大小对柱体横向与顺流向位移间的相位差影响不大。

# 第五节　本章小结

在单柱体两向涡激振动流固耦合数值模型的基础上进一步扩展,实现了利用 CFD 流固耦合方法,对较高雷诺数下柱群两向涡激振动响应的数值模拟。将单柱体程序进一步优化编制 fsi-2c-xy.c 可控程序,使其能够同时提取两个动边界处流体力,并分别对两柱体边界的运动进行控制。利用该模型分别对串联与并列排列两柱体的涡激振动响应进行分析,由得到的涡激振动幅值、升力与曳力系数、两柱体间位移相位关系以及柱体质心运动轨迹,结果发现以下两点。

(1)串联排列两柱体干涉效应明显,两柱体涡激振动响应均表现出彼此不同的特征。串联上游柱体振动受干涉效应影响相对较小。但与单圆柱体相比,其横向振幅在下游柱体影响下有所增大,而其顺流向振动最大幅值则有所减小。而下游柱体受干涉效应的影响相对较大,其两向振幅随流速变化趋势均与单圆柱体不同。在上游柱体离开其锁振区间前,下游柱体横向振动受到一定程度抑制作用,其振动幅值虽有增长但增幅不大。而当上游柱体开始离开其锁振区间时,下游柱体振幅迅速增长并大幅超过上游柱体。即下游柱体达到其锁振区间的时间要明显滞后于上游柱体,并且随着柱间距增加这一滞后现象越明显。两柱体最大横向振幅之间的差值,会随柱间距比增大呈现出逐渐减小的趋势。

此外上游柱体横向与顺流向振幅受柱间距影响不大,而下游柱体两向振动幅值在柱间距的影响下均呈现出下降趋势。同一流速下柱间距的改变主要对下游柱体的振动形态产生影响,即加剧或减弱了下游柱体"差拍"现象的作用。

此外流速与柱间距均对上下游柱体位移间相位差存在一定程度的影响。而从两者的质心运动轨迹上看,流速的增加使得上游柱体横向与顺流向位移之间的相位差发生 $180°$ 改变,而下游柱体两向振动间的相位则基本不受影响。

(2)并列排列两柱体受到的干涉影响呈对称性,即两柱体涡激振动响应变化规律基本一致。并列排列两柱体的涡激振动响应变化规律于串联排列完全不同。两柱体间振动幅值与受力系数变化在各柱间距下均保持一致,且两者在数值上同样差别不大。比较柱体两向振动幅值看出,两柱体顺流向振动受柱间距的影响略大于横向振动。除 $G/D=5$ 时两柱体发生碰撞无结果外,其余各柱间距下两柱体的横向最大振幅均略大于单圆柱体及串联排列各柱间距下上游柱体的平均最大横向振幅值。

　　由两柱体的振动时程图中可以得出,柱间距与流速均未引起明显"差拍"现象。但在流速的影响下,两柱体的顺流向振幅表现出不规则的变化形态。而柱间距对两柱体振幅及振动形态均无太大的影响。从两柱体质心运动轨迹可以看出,两柱体两向振动位移间始终存在明显相位差。当 $G/D=5$ 时,两者位移相位差达到 $180°$,上下侧两柱体质心运动轨迹呈现堆成的"八"字形态。随着柱间距的增加,两者位移间相位差逐渐减弱,"八"字形态逐渐不明显。

# 第六章
## 三维立管结构涡激振动研究

## 第一节　三维立管涡激振动物理模型实验研究

### 一、实验内容及实验模型

由于涡激振动发生时,立管会在"锁定"状态下产生大幅振动,从而导致立管疲劳破坏。因此为探究立管结构在流体荷载作用下的涡激振动机理,进行立管涡激振动的无比尺实验。该实验在中国海洋大学物理海洋实验室的大型波、浪、流水槽中进行。实验中对多种工况、多种流速下立管的涡激振动进行实验研究,并针对不同影响因素进行分析。通过对立管实验数据的分析,得到立管的振动响应规律,从而考察各种因素对立管涡激振动响应的影响。

裸管(不布置抑振装置立管)涡激振动无比尺实验的目标为,通过变换外流流速,研究不同条件下立管模型涡激振动规律以及响应特性。并且分析得到顺流向与横向耦合振动的相关性。为更好得到流体作用下立管的振动响应,实验中采用防水应变片进行数据采集。根据立管振动特性,将应变片分六处(水上、水下各 3 处)布置于裸管之上。首先通过敲击实验测得立管自振频率,继而通过改变外流流速,由数据采集系统获得立管各测点的应变曲线与频谱图。编程对获得的数据进行分析,得到立管各测点振动幅值。最终得到各流速下,立管顺流向与横向的振动时程。

#### (一) 实验模型设计

对于立管结构涡激振动的实验研究,须满足一定的相似理论,包括几何相似、运动相似以及动力相似[97,98]。立管结构属于大长细比结构,因此对立管的实验研究很难按照相似理论确定立管模型。目前国内外相关研究根据目标不同,可以分为圆柱体涡激振动实验,无比尺实验,大长细比实验,有比尺实验以及原位实测。由于本次实验受到实验室条件限制，故选择无比尺立管模型涡激振动实验。实验中选用外表光滑的有机玻璃管模型进行研究，以观察其涡激振动响应规律。实验室水槽最大外流速可达 0.8 m/s，相应雷诺数范围为 $3.6 \times 10^3 \sim 1.44 \times 10^5$。

### （二）试验支架设计

由于既要满足立管约束条件，同时又要实现在不放水情况下方便快捷地更换不同形式立管。因此对实验支架进行设计，使其能够同时满足上述要求。通过对实验支架强度与变形的验证，发现该装置能够满足实验要求，并且该装置的使用可以大大缩短实验周期。将支架与水槽间通过螺栓对下端进行固定，同时将支架与水槽上沿相连接。通过对支架自振频率的测试发现，其自振频率为0.2Hz，远小于立管模型自振频率。因此该装置不会在流体作用下与立管发生耦联振动，以致影响立管涡激振动实验数据的精确性。图 6-1 为实验支架示意图。

对于立管的更换，则通过抽拉式钢架的设计来实现。将不同形式立管结构固定于设计的钢架上，通过钢架与实验支架间的滑动槽进行抽放，达到支架与钢架合二为一的目的。为防止钢架在流速作用下发生振动以致影响实验结果，在钢架中部与下部设计若干连接点，将其与实验支架相固定。通过抽拉式钢架的设计，实验过程中可通过抽放的方式及时更换固定立管模型。抽拉式钢架如图 6-2 所示。

图 6-1　实验支架　　　图 6-2　抽拉式钢架示意图　　　图 6-3　实验支架与立管结构

### （三）立管模型设计

管材性能相对比较复杂，对于有机玻璃管、PVC 管、橡胶管，利用 WDW3100 型微机控制电子式万能实验机对其进行力学性能测试，得到各管材的弹性模量。通过比较发现，有机玻璃管的弹性模量相对较小，适合顶张力立管的实验研究。图 6-3 为顶张力立管模型示意图。

实验时立管模型上下两端垂直固定于钢架上。立管结构可以在横向与顺流向同时振动。分别在立管六个位置处布置应变片,通过半桥连接的方式在立管各位置处以 90°角度布置两个应变片(图 6-4)。$X$ 轴应变片用来测量立管顺流向应变,相应 $Y$ 轴方向应变片则用来测量立管的横向应变。需注意的是,立管放置时须保证应变片方向与流向保持一致,以保证测得数据的准确性。

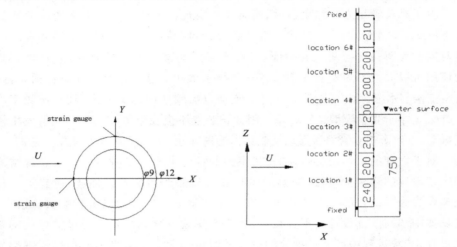

图 6-4　立管模型截面图与布置图

## 二、实验设备设计

### (一) 实验水槽选取

实验室水槽长 65 m,宽 1.2 m,高 1.75 m。可造的最大流速为 0.8 m/s。图 6-5 为实验设计与试验水槽示意图。

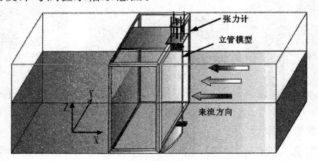

图 6-5　立管在水槽中设置整体示意图

### (二) 结构数据采集系统

用于结构数据采集的系统有动态电阻应变仪(YD-28A 型)、防水应变片、光纤光栅应变计、DASP 数据处理软件（图 6-6）。实验采用防水应变片型号为 TJ120-4AA-P2k，其电阻值为 120 Ω，灵敏系数 2.08±1%，应变片引出线为 1 m。结构动态信号由动态电阻应变仪进行采集，并通过 DASP 数据处理软件对数据进行处理。DASP 数据处理软件为多通道信号采集与实时分析软件，可用于多种动、静态实验。

图 6-6　数据采集系统及 DASP 软件界面

　　光纤光栅传感器具有抗电磁干扰、耐腐蚀、电绝缘、耐高温、灵敏度高、体积小、重量轻、测量对象广泛、成本低以及对被测介质影响小等优点。其工作原理是通过检测入射光波波长的变化，来反映被检测结构的应变。在使用过程中输入与输出的信号均不会受到外界电磁信号的干扰，因此光纤光栅传感器非常适用于细长结构的水下涡激振动的实验研究。图 6-7 为光栅传感器解调仪示意图。

图 6-7　光栅传感器解调仪

### （三）流体数据采集系统选取

　　实验中外流流速的测量主要通过多普勒测速仪来实现（图 6-8）。该仪器工作原理是通过对流体中微尘的捕捉，同时记录其变化速度来测得流体流速。根据具体实验要求，通过对仪器参数的设定可自行调级采样的频率。在本次实验中，多普勒测速仪被布置于立管模型逆流向 5 m 处。既保证测得流速的准确性，同时避免由于仪器存在使实验立管受其尾流的影响。

图 6-8　多普勒测速仪以及外流流速的采集系统

# 三、实验结果处理及分析

## (一)结构位移重建

在实验过程中采集到各测点的应变信号,通过直接积分的方法,将采集到的应变信号频谱转化为相应位移值,随后由振型分解法根据有限测点处的位移值,重建得到立管整体振动响应位移值。图 6-9 为立管结构整体响应位移重建流程图。根据该流程,通过编写程序 experiment. m,最终将实验中得到的有限测点应变值转化为立管整体结构涡激振动响应幅值。

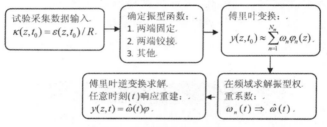

图 6-9　结构位移重建流程图

## (二)实验结果分析

通过观察 12 级别外流速下立管涡激振动实验数据可以发现立管结构振动响应变化规律[99]。当流速较小时立管振动并不明显,其两向位移值均较小。而当外流流速达到 $U=0.4$ 时,立管两向振动幅值突然增大并且随着流速进一步增加,立管横向振动始终在较高位移处波动。与横向振动不同,当立管横向振动开始脱离锁振状态时其相应顺流向振幅无明显减小。由实验结果分析得出,该实验中立管涡激振动发生锁振的约化速度范围为 $4 \leqslant U_r \leqslant 10$,这与 Feng[4] 实验得到结论相符。

由实验分析可知,当外流速达到 $U=0.4$ 时,立管横向与顺流向振动会发生明显变化,故选择约化流速 $U_r=4.15$ 为典型流速,对距立管顶端 1/6、1/3 与 1/2 处节点横向与顺流向振动响应幅值进行分析(图 6-10)。

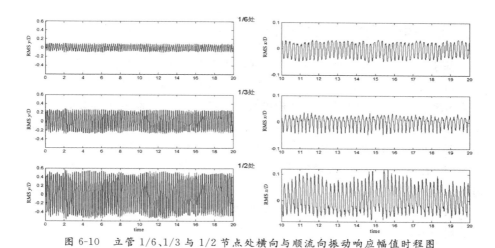

图 6-10　立管 1/6、1/3 与 1/2 节点处横向与顺流向振动响应幅值时程图

从图中可以看出，相对立管顺流向振动，其横向振动相对稳定，并且立管各点处横向振动时程均为较规则的曲线。而其顺流向振幅时程曲线则表现出不规则的运动形态，尤其是距立管顶端 1/3 处节点顺流向振幅时程曲线，所呈现的不规则程度最为明显。而当节点由跨中向两固定端扩展，各节点两向振幅均存在不断减小的趋势。其横流向振幅递减速度远大于顺流向振幅变化速度。

# 第二节　准三维立管数值计算

## 一、准三维立管涡激振动研究方法概述

目前所见文献中，对于三维结构的 CFD 涡激振动研究相对较少。尤云祥等[100]利用 FLUENT 与 ABAQUS 分别对流体与结构进行求解，并通过MPCCI 软件将两者联系起来进行三维数值模拟，得到立管在内波作用下的位移与变形。万德成[101]利用多重网格虚拟边界法数值模拟了三维单个和多个圆柱体的涡激振动响应。而当结构发生涡激振动时作为边界的结构会引起网格的强烈变化，使得对三维流体网格的要求更高，这也从一定程度上加大了收敛的难度。由于上述问题存在，本章将采用准三维的方法进行立管涡激振动研究，具体模型建立及求解过程将在以下进行详细介绍。

## 二、准三维数值模拟思路与方法

基于二维流体与三维结构的立管涡激振动数值模拟基本思路如下。

（1）对结构进行简化并求得相关结构简化参数。基于静力等效方法，将立管简化为多质点模型，并根据已知结构参数获得各质点刚度、阻尼比等振动参数。

（2）各质点被简化为弹簧-阻尼模型，并在其所在平面内建立二维流场模型。流场模型的建立与参数的设定根据实际模拟情况进行设置。

（3）在某一时间段内，对各质点进行二维流固耦合数值模拟，获得该时间段内各质点的涡激振动响应。

（4）近似认为立管上各质点位移，即为三维立管结构在流体作用下的涡激振动响应幅值。

显然该方法是采用二维的数值方法模拟三维结构问题，因此这并不是真正意义上的三维求解故称之为准三维方法。

## 三、三维结构模型简化参数选取

### （一） Euler－Bernoulli 梁单元

对梁结构的分析[102]可以采用具有两个端部节点的一维单元，相应单元变形为横向位移 $v$ 和转角 $\theta$（图 6-11）。

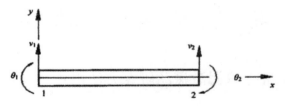

图 6-11　梁单元

Euler-Bernoulli(欧拉-伯努利)梁的假设为垂直于梁中心线的截面在梁变形前后均保持不变，如图 6-12 所示。

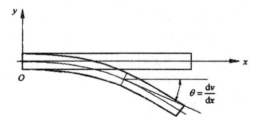

图 6-12　Euler-Bernoulli(欧拉-伯努利)梁

在这一假设下,梁的弯曲变形运动方程为

$$\mathrm{r}A\frac{\partial^2 v}{\partial t^2}+\frac{\partial^2\left(EI\frac{\partial^2 v}{\partial x^2}\right)}{\partial x^2}=q(x,t) \tag{6.1}$$

式中,$v(x)$ 为梁的横向位移,$A$ 为截面面积,$\rho$ 为质量密度,$E$ 为材料弹性模量,$I$ 为梁的惯性矩,$q(x,y)$ 为外载荷。

通过加权余量法(weighted residual method),式 6.1 的残差为

$$I=\int_0^L\left[\rho A\frac{\partial^2 v}{\partial t^2}+\frac{\partial^2\left(EI\frac{\partial^2 v}{\partial x^2}\right)}{\partial x^2}-q\right]w\,\mathrm{d}x=0 \tag{6.2}$$

式中,$L$ 为梁的长度,$W$ 为试探函数

对上式第二项积分,同时对其进行有限元离散后,得到:

$$I=\sum_{i=1}^n\left[\int_{\Omega^e}\rho A\frac{\partial^2 v}{\partial t^2}w\mathrm{d}x+\int_{\Omega^e}EI\frac{\partial^2 v}{\partial x^2}\frac{\partial^2 w}{\partial x^2}\mathrm{d}x-\int_{\Omega^e}qw\,\mathrm{d}x\right]-\left[Vw-M\frac{\partial w}{\partial x}\right]_0^L=0 \tag{6.3}$$

式中,$\Omega^e$ 为单元的定义域,$n$ 为相应单元数目。

在有限单元法中,单元的位移模式应满足完备性和协调性。也就是说梁单元的横向变形和转角是连续的。节点处变量 $v_i$ 和 $q_i$ 分别表示其横向位移以及转角变量,且每个单元具有 4 个变量。根据 Euler-Bernoulli 假设有 $\theta=\dfrac{\mathrm{d}v}{\mathrm{d}x}$,单元位移与转角模式的三阶多项式函数为

$$v(x)=c_0+c_1+c_2x^2+c_3x^3 \tag{6.4}$$

$$\theta(x)=c_1+2c_2x+3c_3x^2 \tag{6.5}$$

此时单元的节点位移则可表示为

$$\delta^e=\begin{bmatrix}v_1 & \theta_1 & v_2 & \theta_2\end{bmatrix}^{\mathrm{T}} \tag{6.6}$$

将单元节点的坐标代入,并写成矩阵形式:

$$\delta^e=\begin{Bmatrix}v_1\\\theta_1\\v_2\\\theta_2\end{Bmatrix}=\begin{bmatrix}1 & 0 & 0 & 0\\0 & 1 & 0 & 0\\1 & l & l^2 & l^3\\0 & 1 & 2l & 3l^2\end{bmatrix}\begin{Bmatrix}c_0\\c_1\\c_2\\c_3\end{Bmatrix}=AC \tag{6.7}$$

其中 $A=\begin{bmatrix}1 & 0 & 0 & 0\\0 & 1 & 0 & 0\\1 & l & l^2 & l^3\\0 & 1 & 2l & 3l^2\end{bmatrix}$,$C=\begin{Bmatrix}c_0\\c_1\\c_2\\c_3\end{Bmatrix}$

求解式 6.7，可得到由节点变量 $\upsilon_i$ 和 $\theta_i$ 表示的待定系数 $c_i$，将这些系数代入式 6.4，得：

$$\upsilon(x) = N_1(x)\upsilon_1 + N_2(x)\theta_1 + N_3(x)\upsilon_2 + N_4(x)\theta_2 = N\delta^e \tag{6.8}$$

式中，$N_1 = 1 - 3\xi^2 + 2\xi^3$，$N_2(x) = (\xi - 2\xi^2 + \xi^3)l$

$$N_3(x) = 3\xi^2 - 2\xi^3, \quad N_4(x) = (-\xi^2 + \xi^3)l, \quad \xi = \frac{x - x_1}{l}, \quad N = [N_1 \quad N_2 \quad N_3 \quad N_4]$$

上式中函数 $N_i(x)$ 为 Hermite 形函数，该函数可保证相邻单元在边界上横向位移与转角的连续性。将上述形函数代入式 6.3 中，并由 Galerkin 法在方程中取试探函数为 $w_i = N_i$，经简化有

$$\int_{\Omega^e} \rho A \frac{\partial^2 \upsilon}{\partial t^2} w \, dx = \int_0^l \rho A \begin{Bmatrix} N_1 \\ N_2 \\ N_3 \\ N_4 \end{Bmatrix} [N_1 \quad N_2 \quad N_3 \quad N_4] dx \begin{Bmatrix} \ddot{\upsilon}_1 \\ \ddot{\theta}_1 \\ \ddot{\upsilon}_2 \\ \ddot{\theta}_2 \end{Bmatrix} = \int_0^l N^T \rho A N \, dx \, \ddot{\delta}^e = M^e \ddot{\delta}^e$$

$$\tag{6.9}$$

$$\int_{\Omega^e} EI \frac{\partial^2 \upsilon}{\partial x^2} \frac{\partial^2 w}{\partial x^2} dx = \int_0^l EI \begin{Bmatrix} N''_1 \\ N''_2 \\ N''_3 \\ N''_4 \end{Bmatrix} [N''_1 \quad N''_2 \quad N''_3 \quad N''_4] dx \begin{Bmatrix} \upsilon_1 \\ \theta_1 \\ \upsilon_2 \\ \theta_2 \end{Bmatrix}$$

$$= \int_0^l B^T EI B \, dx \, \delta^e = K^e \delta^e \tag{6.10}$$

$$\int_{\Omega^e} q w \, dx = \int_0^l q(x,t) \begin{Bmatrix} N_1 \\ N_2 \\ N_3 \\ N_4 \end{Bmatrix} dx = \int_0^l q(x,t) N^T dx = F^e \tag{6.11}$$

式中，$M^e = \int_0^l N^T \rho A N \, dx$，$K^e = \int_0^l B^T EI B \, dx$，$B = [N''_1 \quad N''_2 \quad N''_3 \quad N''_4]$。$M^e$ 和 $K^e$ 分别为单元的质量矩阵和刚度矩阵。当单元内的质量密度 $\rho A$ 和 $EI$ 刚度为常量时，单元质量矩阵和刚度矩阵分别为

$$M^e = \frac{\rho A l}{420} \begin{bmatrix} 156 & 22l & 54 & -13l \\ 22l & 4l^2 & 13l & -3l^2 \\ 54 & 13l & 156 & -22l \\ -13l & -3l^2 & -22l & 4l^2 \end{bmatrix} \quad K^e = \frac{EI}{l^3} \begin{bmatrix} 12 & 6l & -12 & 6l \\ 6l & 4l^2 & -6l & 2l^2 \\ -12 & -6l & 12 & -6l \\ 6l & 2l^2 & -6l & 4l^2 \end{bmatrix}$$

其中，质量矩阵为一致质量矩阵。为了方便计算，在动力学研究中，有时也

可采用集中质量矩阵(式 6.12)。集中质量矩阵为对角线矩阵。

$$M^e = \frac{\rho A l}{2} \begin{bmatrix} 1 & 0 & 0 & 0 \\ 0 & 0 & 0 & 0 \\ 0 & 0 & 1 & 0 \\ 0 & 0 & 0 & 0 \end{bmatrix} \tag{6.12}$$

当梁上作用均布荷载 $q_0$ 时,其相应单元力向量为

$$F^e = q_0 \int_0^l N^T dx = \frac{q_0}{12} \begin{bmatrix} 6l & l^2 & 6l & -l^2 \end{bmatrix}^T \tag{6.13}$$

相应的,当梁上作用集中载荷 $P_0(t)$ 时,单元力向量为

$$F^e = \int_0^l p_0(t)\delta(x - x_0) \begin{Bmatrix} N_1 \\ N_2 \\ N_3 \\ N_4 \end{Bmatrix} dx = p_0(t) \begin{Bmatrix} N_1(x_0) \\ N_2(x_0) \\ N_3(x_0) \\ N_4(x_0) \end{Bmatrix} \tag{6.14}$$

式中,$x_0$ 为集中载荷 $p_0(t)$ 的作用点坐标,$\delta(x - x_0)$ 为 Dirac delta 函数。

式 6.3 左端第四项为梁端点弯矩和剪力边界条件,可包含在系统力向量中。将单元矩阵与向量组集后,式 6.3 可变为

$$M\ddot{\delta} + K\delta = F(t) \tag{6.15}$$

上式为梁结构的系统运动方程,通过求解该方程可得到梁的动态响应。

**(二) 立管模型静力分析**

将立管结构分成 15 个单元并在每一单元节点处作用单位力。依照上述梁单元理论,根据立管涡激振动实验中裸管参数(表 6-1),编写 displacement.m 程序对立管结构进行静力等效分析,分别获得各节点挠度。也即得到单位力在不同位置作用下立管各单元变形位移值。根据力与刚度、位移间关系:$F = kx$ 计算得到立管各单元刚度值。由结构动力学原理可知:

$$f_n = \frac{\omega}{2\pi} = \frac{\sqrt{k/m}}{2\pi} \tag{6.16}$$

由此得到各单元自振频率值(表 6-2)。

表 6-1　立管参数

| 参数 | 横截面面积<br>($m^2$) | 体积<br>($m^3$) | 质量<br>(kg) | 体积密度<br>($kg/m^3$) | 质量比 | 阻尼比 |
|---|---|---|---|---|---|---|
| | $5.34 \times 10^{-5}$ | $8.01 \times 10^{-4}$ | 0.209 9 | 2 620.1 | 2.62 | 0.001 5 |

表 6-2　立管各节点静力等效结果

| 节点 | 位移 | 刚度 | 自振频率 |
|---|---|---|---|
| 1 | 0 | $\infty$ | 0 |
| 2 | 0.000 04 | 25 000 | 67.28 |
| 3 | 0.001 2 | 833.33 | 12.28 |
| 4 | 0.002 3 | 434.78 | 8.87 |
| 5 | 0.003 5 | 285.71 | 7.2 |
| 6 | 0.004 5 | 222.22 | 6.34 |
| 7 | 0.005 3 | 188.7 | 5.845 |
| 8 | 0.005 7 | 175.44 | 5.64 |
| 9 | 0.005 7 | 175.44 | 5.64 |
| 10 | 0.005 3 | 188.7 | 5.845 |
| 11 | 0.004 5 | 222.22 | 6.34 |
| 12 | 0.003 5 | 285.71 | 7.2 |
| 13 | 0.002 3 | 434.78 | 8.87 |
| 14 | 0.001 2 | 833.33 | 12.28 |
| 15 | 0.000 04 | 25 000 | 67.28 |
| 16 | 0 | $\infty$ | 0 |

## 四、准三维模型设计

在准三维数值研究中,立管结构被简化为多质点模型(图 6-13)。其中各单元间弹簧刚度由上述结构静力等效计算得出,阻尼比则由结构材料参数给出。三维立管各质点均被视为若干刚度为 $k$ 阻尼比为 $\zeta$ 的二维弹簧-阻尼振子模型。同时对应各个质点分别建立二维流场模型进行流固耦合数值模拟。流场参数以及流场与结构单元耦合振动控制方程根据实际模拟情况进行设置。

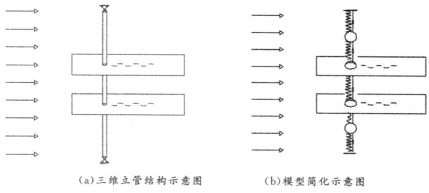

（a）三维立管结构示意图　　　　　（b）模型简化示意图

图 6-13　准三维数值模拟结构简化示意图

# 五、CFD数值模拟结果

利用准三维数值模型对流速为 $U_r = 4.15$ 的三维立管结构进行模拟，得到立管模型各节点处的位移与受力系数值。图 6-14 为距立管顶端 1/6、1/3 与 1/2 处节点的受力系数与两向振动幅值时程曲线。

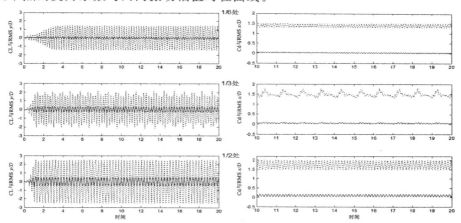

图 6-14　立管 1/6、1/3 与 1/2 处节点的受力系数与两向振动幅值时程曲线

从图中可以看出，当立管单元离立管顶端较近时，单元刚度较大，相应的振幅较小。同时该处单元受力系数与振动幅值时程均以规则的形式变化。随着质点向跨中截面靠近，其振动时程发生很大的变化。当质点距立管顶端 1/3 时，该质点振动幅值与升力系数均较之前有所增加，同时其平均曳力系数值也随之增加。该质点的振动时程曲线开始呈现出明显"差拍"现象。当质点位于跨中时其升力系数幅值与平均曳力系数值进一步增加。而质点的振动时程曲线再次恢复至平稳规则的运动形态。

# 第三节　立管结构 CFD 数值模拟结果与实验对比分析

## 一、立管各质点涡激振动振幅对比分析

图 6-15 为立管结构实验与数值模拟得到的横向与顺流向涡激振动无量纲位移包络图。从图中可以看到,实验和数值模拟所得到的横向振幅包络曲线具有相似的变化规律。对于两端固定立管来说,其跨中截面涡激振动所产生的位移值最大。并且由跨中截面向两固定端扩展,相应横向振动的变化量逐渐减小。立管各节点顺流向振动存在相似的变化规律,最大顺流向位移出现在立管结构跨中位置。此外从顺流向位移实验曲线中看出,在距固定端约 2/5 处顺流向振动开始加速增长,在接近跨中位置其增长量逐渐趋于零。顺流向振动的数值曲线同样存在振幅突增点,但与实验相比略有不同。总体来说实验与数值模拟得到的无量纲位移包络曲线变化趋势基本一致。

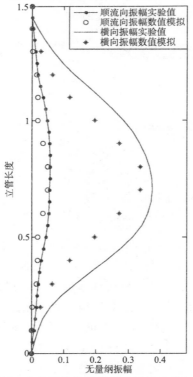

图 6-15　立管结构涡激振动无量纲位移包络图

从各质点位移数值上看,数值模拟所得到的两向位移值均要小于对应质点的实验值。这主要是由于在立管结构的简化过程中采用静力等效,即忽略了结构运动过程中的惯性力对立管涡激振动的影响。而实验中边界条件对于立管的影响同数值模拟亦有不同,这些都使得两者在数值上有所差别。

## 二、立管典型节点横向位移时程曲线对比分析

图 6-16、图 6-17 与图 6-18 分别为距立管顶端 1/6、1/3 与 1/2 处节点横向振动稳定段振动幅值时程曲线图。该时程曲线图同样可以得到上述结论,随着节点向跨中截面靠近,各节点横向位移值逐渐增加。当节点接近固定端时,数值模拟结果要小于实验值。而随着节点向跨中靠近,数值模拟节点横向振动时程曲线开始呈现出"差拍"现象,此时,实验曲线的变化并不明显。当节点位于距固接端 1/3 处时,该质点振动曲线的"差拍"现象明显,由数值模拟得到的该质点横向振幅最大值甚至超过了实验值(图 6-16)。跨中质点横向振幅曲线重新呈现出规则的变化趋势(图 6-17),并且该点处的数值模拟值小于实验值,但两者相差不大。此外从图中还可以看出,数值模拟得到的横向位移与实验值之间的相位差规律性较差,这是由于立管涡激振动为多模态的复杂振动,而简化后的立管模型各单元均为两自由度弹簧振子模型,其振动频率只有二个,因此两者得到的振动频率有较大差别。

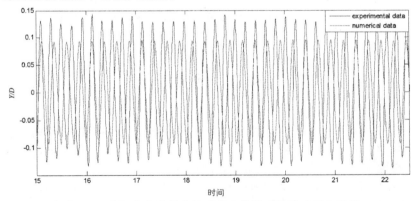

图 6-16　1/6 节点处横向振动稳定段振动幅值时程曲线图

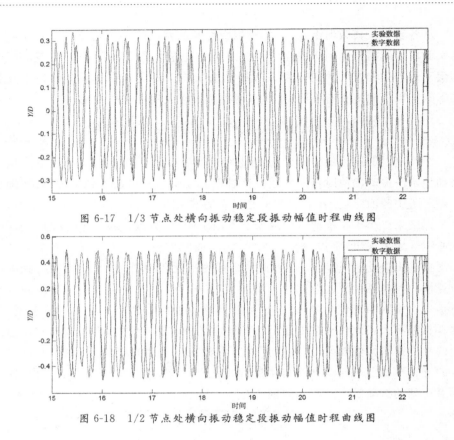

图 6-17　1/3 节点处横向振动稳定段振动幅值时程曲线图

图 6-18　1/2 节点处横向振动稳定段振动幅值时程曲线图

# 第四节　本章小结

本章中以 Euler-Bernoulli 梁单元为基础,利用静力等效的方法将三维立管结构简化为多质点模型。各质点均被视作弹簧-阻尼模型,通过对各质点分别进行二维流固耦合模拟,最终获得立管结构整体的动力响应。通过对约化速度为 $U_r = 4.15$ 流速下立管涡激振动流固耦合数值模拟可以看出,立管各质点由于其静力等效刚度不同,各质点动力响应时程曲线均呈现出不同变化规律,振动幅值也有所差别。

为验证准三维数值模型,同时对立管结构涡激振动进行了无比尺实验。将数值模拟得到立管无量纲位移包络图与实验对比发现,两者变化规律较为一致,仅在数值上有所差别。所以准三维流固耦合数值模型可以用于计算立管的涡激振动响应。

# 参考文献

[1] Gabbai RD，Benaroya H. An overview of modeling and experiments of vortex-nduced vibration of circular cylinders. Journal of Sound and Vibration [J],2005，282(3-5)：575-616.

[2] Williamson CHK，Govardhan R. A brief review of recent results in vortex-induced vibrations. Journal of Wind Engineering and Industrial Aerodynamics [J],2008，96(6-7)：713-735.

[3] 潘志远,崔维成,张效慈.细长海洋结构物涡激振动研究综述[J].船舶力学，2005,9(6)：135-154.

[4] Feng C C. The measurement of vortex induced effect s in flow past stationary and oscillating circular and d-section cylinders：[Master's Thesis]. Canada：Department of Mechanical Engineering, University of British Columbia，1968.

[5] Sarpkaya T. A critical review of the intrinsic nature of vortex-induced vibrations [J]. Journal of Fluids and Structures，2004，19(4)：389～447.

[6] Sarpkaya T. Fluid forces on oscillating cylinders [J]. Journal of Waterway Port Coastal and cean Division ASCE ,1978,104：275-290.

[7] Moe G，Wu Z J . The lift force on a cylinder vibrating in a current [J]. ASCE Journal of Offshore Mechanics and Arctic Engineering ,1990,112：297-303.

[8] Blevins RD. Flow-induced vibrations，2nd edition. New York：Van Nostrand, Co. , 1990.

[9] Vikestad K. Multi frequency response of a cylinder subjected to vortex shedding and support motions [Phd Thesis]. Department of Marine Technolo-

gy, Norwegian University of Science and Technology, Norway, 1998.

[10] Vikestad K. , Halse K. H. Effect of variable current on vortex-induced vibrations. Proc. of 10th Int. Offshore and Polar Engineering Conference, 2000a, 3: 493-498.

[11] Vikestad K. and Halse K. H. VIV lift coefficients found from response build-up of an elastically mounted dense cylinder, Proc. of 10th Int. Offshore and Polar Engineering Conference, 2000b, 3: 455-460.

[12] Blackburn H. M. , Govardhan R. N. , Williamson C. H. K. A complementary numerical and physical investigation of vortex-induced vibration [J]. Journal of Fluids and Structures, 2000,15(3-4): 481-488.

[13] Downes K. and Rockwell D. , Oscillations of a vertical elastically mounted cylinder in a wave: imaging of vortex pattern [J]. Journal of Fluids and Structures, 2003(17): 1017-1033.

[14] Jauvtis N. and Williamson C. H. K. The effect of two degrees of freedom on vortex induced vibration at low mass and damping [J]. Journal of Fluid Mechanics, 2004(509): 23-62.

[15] Morse T. L. , Govardhan R. N. , Williamson C. H. K. The effect of end conditions on the vortex-induced vibration of cylinders [J]. Journal of Fluids and Structures, 2008, 4(8): 1227-1239.

[16] Guo HY, Lou M, Dong XL. Experimental Study on Vortex-Induced Vibration of Risers Transporting Fluid [J]. Proceedings of the Sixteenth International Offshore and Polar Engineering Conference, San Francisco, California, USA, 2006.

[17] 娄敏. 海洋输流立管涡激振动实验研究及数值模拟[D]. 青岛:中国海洋大学,2007.

[18] Guo HY, Lou M, Dong XL. Numerical and Physical Investigation on the Vortex-Induced Vibration of Marine Riser [J]. China Ocean Engineering, 2006, 20(3): 373-382.

[19] Guo H. Y. , Lou M. Effect of internal flow on vortex-induced vibration of risers [J], Journal of Fluids and Structures, 2008,24: 496-504.

[20] zhang Yongbo, Meng Fanshun. , Guo Haiyan. Experimental investigation of vortex-induced vibration responses of tension riser transporting fluid[C]. Proceedings of the ASME 2009 28th International Conference

on Ocean, Offshore and Arctic Engineering. Hawaii, USA. OMAE 2009 (79): 759.

[21] 张建侨,宋吉宁,等. 质量比对柔性立管涡激振动影响试验研究[J]. 海洋工程,2009, 27 (4): 38-44.

[22] Vandiver J. K. , Li L. SHEAR7 V4. 4 Program Theoretical Manual. Department of Ocean Engineering, MIT, Cambridge, MA, USA, 2005.

[23] Vandiver J. , Steve Leverette, Christopher J. Wajnikonis PE, Hayden Marcollo. User Guide for SHEAR7 Version 4. 5. Department of Ocean Engineering, MIT, Cambridge, MA, USA, 2007.

[24] Triantafyllou MS. VIVA Extended User's Manual, Massachusetts Institute of Technology, Department of Ocean Engineering, Cambridge, MA, USA, 2003.

[25] Larsen CM, et al. VIVANA-Theory manual. marintek 513102. 01, Trondheim, Norway, 2000.

[26] Finn L, Lambrakos K, Maher J. Time domain prediction of riser VIV. In: Proceedings of the Fourth International Conference on Advances in Riser Technologies, Aberdeen, Scotland, 1999.

[27] Birkoff G. , Zarantanello E. H. Jets, Wakes and Cavities, New York: Academic Press, 1957.

[28] Bishop R. E. D. , Hassan A. Y. The Lift and Drag Forces on a Circular Cylinder Oscillating in a Flowing Fluid [J]. Proceedings of the Royal Society of London, 1964, A: 51-75.

[29] Hartlen R. T. and Currie I. G. , Lift-oscillator model of vortex induced vibration [J]. Journal of the Engineering Mechanics, 1970, 96 (5): 577-591.

[30] Skop R. A. and Griffin O. M. , A model for the vortex-excited resonant response of bluff cylinders [J]. Journal of Sound and Vibration, 1973, 27(2): 225-233.

[31] Mathelin L, Langre E. D. , Vortex-induced vibrations and waves under shear flow with a wake oscillator model [J]. European Journal of Mechanics-B/Fluids, 2005, 24(4): 478-490.

[32] 李效民. 顶张力立管动力响应数值模拟及其疲劳寿命预测 [D]. 青岛:中国海洋大学,2010.

［33］GUO Hai-yan，LI Xiao-min（李效民），LIU Xiao-chun. Numerical predic-tion of vortex induced vibrations on top tensioned riser in consideration of internal flow［J］. China Ocean Engineering，2008，22(4)：675-682.

［34］Wan，D. C. ，Turek，S. Direct Numerical Simulation of Particulate Flow via Multigrid FEM Techniques and the Fictitious Boundary Method［J］，International Journal for Numerical Method in Fluids，in press. Current-ly available at http：//www3. interscience. wiley. com/cgibin/ jissue/ 108 061 200 DOI：10. 100 2/ fld. 1129.

［35］Wan，D. C. ，Turek，S. ，Liudmila S. Rivkind：An Efficient Multigrid FEM Solution Technique for Incompressible Flow with Moving Rigid Bodies，Numerical Mathematics and Advanced Applications［J］，Spring-er-Verlag，Berlin，2004，844-853.

［36］Decheng Wan，Stefan Turek，Modeling of Liquid-solid Flows with Large Number of Moving Particles By Multigrid Fictitious Boundary Method ［C］，Conference of Global Chinese Scholars on Hydrodynamics.

［37］万德成. 二维多圆柱涡激运动的数值模拟［C］，第二十一届全国水动力学研讨会赞第八届全国水动力学学术会议赞两岸船舶与海洋工程水动力学研讨会文集.

［38］王福军. 计算流体动力学分析-CFD 软件原理与应用［M］. 北京：清华大学出版社，2004.

［39］FLUENT 湍流模型帮助

［40］王国兴. 海底管线管管跨结构涡致耦合振动的数值模拟与实验研究［D］. 青岛：中国海洋大学，2006.

［41］Ferziger J. H. ，Peric M. Computational methods for fluid Dynamics ［M］. Berlin：Springer-Verlag，1996.

［42］Patanker S. V. ，Spalding D. B. A calculation processure for heat，mass and momentum transfer in three-dimensional parabolic flows［J］. Heat Mass Transfer，1972，15：1787-1806.

［43］陶文铨. 数值传热学［M］. 西安：西安交通大学出版社，2001.

［44］Patankar S. V. Numerical Heat Transfer and Fluid Flow ［M］. Washing-ton：Hemisphere，1980.

［45］Van Doormal J. P，Raithby G. G. Enhancement of the SIMPLE method for predicting incompressible fluid flows ［J］. Numerical Heat Transfer，

1984，7：147-163.

[46] Wang L. B. ，Tao W. Q. Heat transfer and fluid flow characteristics of plate-arrays of aligned at angles to the flow direction [J]. Heat Mass Transfer，1995，18：843-852.

[47] Yuan Z. X. ，Tao W. Q，Wang Q. W. Numerical prediction for laminar forced convection heat transfer in parallel channels with streamwise periodic rod-disturbances [J]. Numer Methods Fluids，1998，28：1371-1381.

[48] Wang L. B. ，Jiang G. D. ，Tao W. Q. Numerical simulation on heat transfer and fluid flow characteristics of arrays with nonuniform plate length positioned obliquely to the flow direction [J]. Heat Transfer，1998，120(4)：991-998.

[49] Hasnaoui M，Bilgen E，Vasseur P，Robillard L. Mixed convective heat transfer in a horizontal channel heated periodically from below [J]. Numer Heat Transfer，Part A，1991，20：297-315.

[50] Clough R. 结构动力学[M]. 北京：高等教育出版社，2006.

[51] 潘志远，崔维成，刘应中. 低质量-阻尼因子圆柱体的涡激振动预报模型 [J]. 船舶力学，2005，19(5)：115-124.

[52] Khalak A. ，Williamson C. H. K. Motions，forces and mode transitions in vortex-induced vibrations at low mass-damping [J]. Journal of Fluids and Structures，1999，13：813-851.

[53] FLUENT UDfs help document.

[54] 梁亮文，万德成. 横向受迫振荡圆柱低雷诺数绕流问题数值模拟[J]，海洋工程，2009，27(4)：45-60.

[55] 万德成. 用水深平均雷诺方程模拟有限长直立圆柱绕流[J]，上海大学学报（自然科学版），1995，1(3)：259-268.

[56] 陈文曲，任安禄，邓见. 双圆柱绕流诱发振动的数值模拟[J]，空气动力学学报，2005，23(4)：442-448.

[57] 陈文礼，李惠. 基于 RANS 的圆柱风致振动的 CFD 数值模拟[J]. 西安建筑科技大学学报，2006，38(4)：509-513.

[58] 周国成，柳贡民，马俊，等. 圆柱涡激振动数值模拟研究[J]. 噪声与振动控制，2010，5：51-59.

[59] 赵刘群，陈兵. 低雷诺数下圆柱涡激振动的二维有限元数值模拟[J]. 海洋技术，2006，25(4)：117-121.

［60］何长江，段忠东. 二维圆柱涡激振动数值模拟［J］. 海洋工程，2008，26(1)：57-63.

［61］Xu Jun-ling, Zhu Ren-qing. Numerical simulation of VIV for an elastic cylinder mounted on the spring supports with low mass-ratio［J］. Journal of Marine Science and Application，2009，8：237-245.

［62］黄智勇，潘志远. 崔维成，两向自由度低质量比圆柱体涡激振动的数值计算［J］. 船舶力学，2007，11(1)：1-9.

［63］D. Sun, J. S. Owen, N. G. Wright. Application of theturbulence model for a wind-induced vibration study of 2D bluff bodies［J］. Journal of wind engineering and industrial aerodynamics，2009，97：77-87.

［64］E. Guilmineau, P. Queutey. Numerical simulation of vortex-induced vibration of a circular cylinder with low mass-damping in a turbulent flow［J］. Journal of fluids and structures，2004，19：449-466.

［65］K. Namkoong, H. G. Choi, J. Y. Yoo. Computation of dynamic fluid-structure interaction in two-simensional laminar flows using combined formulation［J］. Journal of fluids and structures，2005，20：51-69.

［66］Shuzo Murakami, Akashi Mochida, Shigehiro Sakamoto. CFD analysis of wind-structure interaction for oscillating square cylinders［J］. Journal of wind engineering and industrial aerodynamics，1997，72：33-46.

［67］徐枫，欧进萍，肖仪清. 不同截面形状柱体流致振动的 CFD 数值模拟［J］. 工程力学，2009，26(4)：7-15.

［68］盛磊祥，陈国明，许亮斌. 减振器绕流流场的 CFD 分析［J］. 中国造船，2007，48：475-480.

［69］Prasanth T. K. , Behara S. , Singh S. P, et al. Effect of blockage on vortex-induced vibrations at low Reynolds numbers［J］. Journal of Fluids and Structures，2006，22 865-876.

［70］Braza M. , Chassaing P. , Haminh H. Numerical study and physical analysis of the pressure and velocity fields in the near wake of a circular cylinder［J］. Fluid Meth，1986，165：79-130.

［71］Lecointe Y. , Piquet J. On the use of several compact methods for the study of unsteady incompressible viscous flow round a circular cylinder［J］. Comput Fluids，1984，12：255-280.

［72］Mendes P. A. , Branco F. A. Analysis of fluid-structure interaction by an

Arbitrary Lagrangian-Eulerian Finite Element formulation [J]. International journal for Numerical method in fluids,1990, 30: 897-919.

[73] Williamson C. H. K. , Roshko. A Vortex formation in the wake of an oscillating cylinder [J]. Fluids and Structure, 1988, 2: 355-381.

[74] Bishop R. E. D. , Hassan A. Y. The lift and drag forces on a circular cylinder oscillating in a flowing fluid, Phil. Trans[J]. R. Soc. Lond. A, 1964, 277: 51-75.

[75] 聂武,刘玉秋. 海洋工程结构动力学分析[M]. 哈尔滨:哈尔滨工程大学出版社,2002.

[76] Paolo Simantiras, Neil Willis. Investigation on vortex induced oscillations and helical strakes effectiveness at very high incidence angles [C]. ISOPE, 1999.

[77] Jaiswal V, Vandiver J K. , Performance of Strakes and Farings [J]. SHEAR7 Usergroup Meeting,2007,June 21.

[78] Prof. A. H. Techet. 13. 42 Lecture: Vortex Induced Vibrations, 18 March 2004.

[79] 王海青. 海洋立管涡激振动及抑振的无比尺模型实验研究 [D],青岛:中国海洋大学,2009.

[80] Sumner D. Two circular cylinder in cross-flow: A review[J]. Journal of Fluids and Structures, 2010, 26: 849-899.

[81] Alam, M. M. , Moriya, M. , Sakamoto, H. Aerodynamic characteristics of two side-by-side circular cylinders and application of wavelet analysis on the switching phenomenon [J]. Journal of Fluids and Structures 2003a, 18: 325-346.

[82] Alam, M. M. , Moriya, M. , Takai, K. , Sakamoto, H. , Fluctuating fluid forces acting on two circular cylinders in a tandem arrangement at a subcritical Reynolds number [J]. Journal of Wind Engineering and Industrial Aerodynamics, 2003b, 91: 139-154.

[83] Xu, G. , Zhou, Y. , Strouhal numbers in the wake of two inline cylinders [J]. Experiments in Fluids, 2004, 37: 248-256.

[84] Zhang, H. , Melbourne, W. H. Interference between two circular cylinders in tandem in turbulent flow [J]. Journal of Wind Engineering and Industrial Aerodynamics, 1992, 41-44: 589-600.

[85] Zdravkovich，M. M. The effects of interference between circular cylinders in cross flow [J]. Journal of Fluids and Structures，1987，1：239-261.

[86] Zdravkovich，M. M. Review of flow interference between two circular cylinders in various arrangements [J]. ASME Journal of Fluids Engineering，1977，99：618-633.

[87] Zdravkovich，M. M. ，Pridden，D. L. Interference between two circular cylinders：series of unexpected discontinuities [J]. Journal of Industrial Aerodynamics，1977，2：255-270.

[88] Guo Xiao-hui，Lin Jian-zhong，Tu Cheng-xu，Wang Hao-li，Flow past two rotating circular cylinder in a side-by-side arrangement [J]. Journal of Hydrodynamics，2009，21(2)：143-151.

[89] Carmo B. S. ，Meneghini J. R. ，Numerical investigation of the flow aroundtwo circular cylinders in tandem [J]. Journal of Fluids and Structures，2006，22：979-988.

[90] Meneghini J. R. ，Saltara F. ，Numerical simulation of flow interference between two circular cylinders in tandem and side-by-side arrangement [J]. Journal of Fluids and Structure，2001，15：327-350.

[91] 曹洪建，查晶晶，万德成. 基于 OpenFOAM 编程数值模拟双圆柱绕流流动 [R]，中国力学学会学术大会 2009 论文摘要集，2009.

[92] Igarashi T. Characteristics of the flow around two circular cylinder arranged in tandem [J]. Bulletin of the JSME，1981，24(188)：323-329.

[93] Mittal S. ，Kumar V. Flow-induced oscillations of two cylinder in tandem and staggered arrangements [J]. Journal of fluids and structures，2001，15：717-736.

[94] Prasanth T. K. ，Mittal S. Vortex-induced vibration of two circular cylinders at low Reynolds number [J]. Journal of Fluids and Structures，2009，25：731-741.

[95] Prasanth T. K. ，Mittal S. Flow-induced oscillation of two circylar cylinders in tandem arrangement at low Re [J]. Journal of Fluids and Structures，25：1029-1048.

[96] 徐枫，欧进萍. 正三角形排列三圆柱绕流与涡致振动数值模拟[J]. 空气动力学学报，2010，28(5)：582-590.

[97] 李昕,刘亚坤,周晶,等.海底悬跨管道动力响应的试验研究和数值模拟[J].工程力学,2003,20(1):21-25.

[98] 黄维平,王爱群,李华军.海底管道悬跨段流致振动试验研究及涡激力模型修正[J].工程力学,2007,24(12):153-157.

[99] 张永波.深海输液立管涡激振动预报及抑振技术研究[D],青岛:中国海洋大学,2011.

[100] 刘碧涛,李巍,尤云祥,等.内孤立波与深海立管相互作用数值模拟[J].海洋工程,2011,29(4):1-7.

[101] 万德成.用多重网格虚拟边界法数值模拟三维多圆柱立管涡激运动,现代数学和力学(MMM-XI)[R]:第十一届全国现代数学和力学学术会议论文集,2009.

[102] 徐斌.Matlab有限元-结构动力学分析与工程应用[M].北京:清华大学出版社,2009.

# 后　记

本书基于现有的计算流体力学通用软件 FLUENT 和结构动力学原理，通过用户自定义函数，实现了流体与结构的耦合振动交互运算，建立了较完整的流固耦合实现系统。基于这一系统，分别对单柱体、两柱体涡激振动响应进行模拟，建立了单柱体两向涡激振动流固耦合数值模型，以及双柱体两向涡激振动耦合求解 CFD 数值模型。在此基础上将二维柱体模型进一步扩展至三维结构，建立了准三维流固耦合数值模型。利用上述各数值模型分别对单圆柱体、带抑振装置柱体、串联排列两柱体、并列排列两柱体以及准三维立管模型进行数值模拟研究。

（1）基于流固耦合实现系统建立单柱体流固耦合数值模型，对单柱体两向涡激振动进行数值模拟，证实了锁振区间的存在，并得到柱体尾流漩涡脱落模式由"2S"模式向"2P"模式的转变过程。通过与国外实验的对比，验证了本书所建的流固耦合实现系统的合理性。

（2）由于单柱体流固耦合模型对柱体边界形状没有要求，因此利用该模型可以模拟带抑振装置柱体两向涡激振动响应。针对三种抑振形式（尾翼为 10 mm 三角形导流板、尾翼为 14 mm 三角形导流板、板状导流板）进行模拟，结果发现：三角形导流板能够有效减小柱体的横向振幅，但加剧了其顺流向振动。带板柱体则对横向与顺流向涡激振动均有较好的抑制作用，但会使柱体的横向振动发生偏移。综合分析三种抑振形式可以发现，尾翼为 14 mm 带三角柱体的抑振效果最佳。

（3）建立了多柱体涡激振动干涉的流固耦合数值模型。该模型对于柱体数量没有限制，因此可用于不同排列形式多柱体涡激振动响应的模拟。利用两柱体干涉流固耦合数值模型，首先对串联排列两柱体涡激振动进行模拟，得出串联排列下游柱体相比上游柱体受干涉效应的影响较大，其达到锁振区间的时间要明显滞后于上游柱体,并且随着柱间距增加滞后现象明显。此外下游柱体两向无量纲振幅最大值均超过上游柱体,这与实际情况是一致的。

(4)利用两柱体干涉流固耦合数值模型,对并列排列两柱体的涡激振动响应进行分析,由其结果可以看出并列排列两柱体振动响应在其干涉效应的影响下呈现明显对称性。两柱体间振动幅值与受力系数变化趋势在各柱间距下均保持一致,且两者在数值上相差不大。同时由两柱体质心运动轨迹可以看出,柱体两向振动位移间始终存在明显的相位差。

(5)基于静力等效建立了立管结构涡激振动准三维数值模型,通过模拟约化流速 $U_r = 4.15$ 时立管涡激振动响应可以看出,立管各节点由两端向跨中过渡的过程中,其振幅呈现由小到大的变化规律。同时进行立管结构涡激振动无比尺实验对该模型进行验证。通过对比实验与数值模拟结果发现,两种研究所得到的立管振动变化规律基本一致,仅在数值上存在一定程度的差异。